心理学
其实既好看又有用

路西 编著

中国华侨出版社

图书在版编目 (CIP) 数据

心理学其实既好看又有用 / 路西编著 . —北京：中国华侨出版社 , 2017.4
ISBN 978-7-5113-6784-6

Ⅰ . ①心 ⋯ Ⅱ . ①路 ⋯ Ⅲ . ①心理学—通俗读物 Ⅳ . ① B84-49

中国版本图书馆 CIP 数据核字（2017）第 089077 号

心理学其实既好看又有用

编　　著：路　西
出 版 人：方　鸣
责任编辑：芄　霓
封面设计：施凌云
文字编辑：贾　娟　黎　娜
美术编辑：吴秀侠
插图绘制：朱　杰
经　　销：新华书店
开　　本：880mm×1230mm　1/32　印张：8　字数：160 千字
印　　刷：北京鑫海达印刷有限公司
版　　次：2017 年 7 月第 1 版　2017 年 7 月第 1 次印刷
书　　号：ISBN 978-7-5113-6784-6
定　　价：32.00 元

中国华侨出版社　北京市朝阳区静安里 26 号通成达大厦 3 层　邮编：100028
法律顾问：陈鹰律师事务所
发 行 部：（010）58815874　　　传　真：（010）58815857
网　　址：www.oveaschin.com
E-mail：oveaschin@sina.com

如果发现印装质量问题，影响阅读，请与印刷厂联系调换。

前言
PREFACE

每个人都喜欢看故事、读故事，因为它能带给我们无穷的知识和无尽的智慧；它能使我们在轻松的阅读中得到有益的启迪，更深刻地理解和把握人生；它能使我们的意志更加坚强，人格越发健全；它是我们迷失时的灯塔，也是我们春风得意时的镇静剂。正如罗斯·斯图特所说："一个故事能改善与他人之间的关系，怡人性情，使人恍然大悟；一个故事可以使我们沉思生存之意义；一个故事可以使我们接受新的真理，或给我们以新的视野和方式去体察大千世界，芸芸众生。"

心理学家弗洛伊德曾说，古今中外最有智慧的人，也是最会应用心理学知识和技巧的人。他们能在纷繁的事物中，看到事物的主流；能从复杂的现象中，发现事物的规律；能从曲折的过程中，看到光明的前景；能从微小的变化中，感受到即将掀起的风暴。对于个体而言，心理学在任何时候都能派上用场，我们为人处世、求职经商、工作生活，等等，不仅仅要凭自己的诚意和能力，还要有眼力和智慧。

生存靠能力，发展靠谋略，成功靠智慧。

当今社会是一个瞬息万变、竞争激烈的社会，在竞争中，不是光凭一腔热血就能取得成功，还需要具备一定的心理学智慧。从古至今，从战场到商场，从工作到生活，处处充满着竞争，心理学的各种智慧也就应运而生并影响着我们人生的每个阶段。而一旦在生活的各个领域都能将心理学用得游刃有余，你就能在人生的博弈中永立于不败之地。因此，掌握并能够应用一定的心理学知识就显得尤为重要。

乔治·斯格密说："如果说人生的成功是珍藏在宝塔顶层的桂冠，那么，健康的心理就是握在我们手中的一柄利剑，只有磨砺好这柄利剑，才能一路披荆斩棘，最终夺取成功的桂冠。"那么，怎样的心理才算健康？怎样才能拥有健康的心理，健全的人格？怎样才能不抱怨，积极面对人生？为了帮助大家更多地了解心理学，了解自我的心理困境和他人的心理谜题，我们编撰了这本书。本书精选了近百个具有启发性、指导意义、有价值的经典心理学故事，剥去了心理学复杂的外衣，用通俗易懂的文字剖析心理学的原理、规律和方法，揭秘了心理学的奥秘。

希望你可以在轻松的心境下，和我们一起，听听故事，悟悟人生，为心灵打开尘封的锁，给心灵找个歇脚的地方，从而超越自我，体味人生的真谛。

目录 CONTENTS

第一章　生活要懂点心理学

寻回遗失的手表——听觉 / 2

"和尚在，我去哪儿了"——自我认知 / 5

猩猩的惊人智慧——顿悟 / 8

女王与妻子——角色转换 / 10

漂亮的优势——光环效应 / 13

孩子们受到的不公平待遇——过度理由效应 / 17

"被精神分裂"的心理学家——刻板印象 / 20

给总统送书——名人效应 / 23

曾参杀人——从众效应 / 25

第二章　用健康心态构筑快乐人生

大臣开悟国王——乐观 / 30

只需一根柱子——自信 / 33

丘吉尔的妙答——幽默 / 35

不食嗟来之食——自尊 / 38

跌跤的福特总统——豁达 / 40
法师与小沙弥——平常心 / 43
"先生,你掉了钱"——善良 / 46

第三章　交往的艺术

两个人的不同结局——留有余地 / 50
受委屈的邓肯——灵活应对 / 52
卡耐基谨记的教训——避免争论 / 55
能言善辩的口才家优孟——实话巧说 / 57
史考伯的经验之谈——学会赞美 / 60
揣摩他人心意的安平侯——善于倾听 / 63
经理与科长的差距——转换立场 / 65
柯伦泰的忠诚和才干——红白脸战略 / 67
被一块面包打动的德国兵——互惠互利 / 70

第四章　我们的身体在"说话"

　　皇后与妃子的不同命运——表情 / 74

　　一双"死鱼般"的手——握手 / 78

　　熊抱过后——拥抱 / 80

　　颤腿的小伙子——站姿 / 82

　　被看出心理的客人——坐姿 / 85

　　大学毕业前的最后一顿饭——手势 / 87

　　蕨菜和它的小花朋友——距离 / 91

第五章　让人成为人

　　给孩子更大的空间——鱼缸法则 / 96

　　有梦想就有动力——目标效应 / 98

　　安徒生的童年——重视环境影响 / 102

　　勤奋读书的欧阳修——养成好习惯 / 106

　　荣誉就像玩具——情商教育 / 110

　　不知疲倦"问一生"——学会学习 / 113

　　快乐在哪里——确立目标 / 115

　　斯坦福大学诞生记——懂得尊重 / 117

　　请为你的冷漠付费——关爱他人 / 119

　　给孩子贴上正面标签——标签效应 / 122

　　期望能产生奇迹——罗森塔尔效应 / 125

　　均衡发展最重要——木桶定律 / 128

望远镜的发明——培养创造力 / 131

卡耐基与比西奇——夸奖教育 / 133

第六章　管理在人，管人在心

杜邦公司的三驾马车——集权与分权 / 138

微软的英明之处——果断决策 / 141

修网还是找出破网原因——二八法则 / 143

买回短吻鳄的海因茨——快乐管理 / 146

三洋公司的"鲶鱼策略"——竞争意识 / 148

福布斯的用人策略——人尽其才 / 151

松下的用人制度——用人不疑 / 153

索尼公司的内部跳槽——鼓励竞争 / 157

为一个人才买下一家公司——留住人才 / 159

第七章　经商有风险，心态是关键

从天堂到地狱和旅鼠现象——勿盲目跟风 / 164

猴子偷食——勿贪婪 / 167

普洱"地震"——勿投机 / 169

看清"市场先生"的游戏——远离市场 / 173

亚历山大的鞋店——产品人性化 / 176

福特公司的抽奖活动——活动促销 / 179

航空公司的客户满意度——客户投诉 / 183

争与不争有差别——合作态度 / 185

第八章　要懂得应对之策

销售顾问的技巧——预先设局 / 190

在行家面前弄巧成拙——巧妙报价 / 193

谈判专家的策略——后亮底牌 / 196

机智的克林顿——制造悬念 / 198

销售过程中的技巧——以诚动人 / 202

推销的失败与成功——洞察关注点 / 204

会听客户话外音的大卫——窥探心理动向 / 211

一件"减价"的貂皮大衣——把握价格策略 / 214

客户的担心——安全感 / 216

电话销售人员的哀兵策略——利用同情心 / 220

第九章　用心经营自己的事业

三选二怎么选——团结意识 / 224

喜欢红色的女士——投其所好 / 226

总统的交流艺术——一见如故 / 229

按规矩办事——遵守规则 / 232

父子与驴——勿求面面俱到 / 234

要"不耻下问"——多请教 / 237

表扬过后——拿捏分寸 / 239

毛毛虫实验——不盲从 / 241

第一章

生活要懂点心理学

寻回遗失的手表——听觉

黑夜使眼睛失去它的作用，却使耳朵的听觉更为灵敏，它虽然妨碍了视觉的活动，却给予了听觉加倍的补偿。

——（英国）莎士比亚

听觉是人类感知世界的一个重要途径，是人们接受外界刺激的第二个最主要通道。人类生活在充满声音的世界里，我们几乎每时每刻都在接受外界声音的刺激。听觉使我们能够享受到美妙的音乐和小鸟的歌唱，它使我们能与家人和朋友们交谈。电话铃声、敲门声和汽车的喇叭声能对我们进行提醒告诫，通过听觉人们可获得声音所传递的各式各样的信息，得以通往来，传授知识，交流思想。听觉影响到人们实际生活的许多方面，也是认识外界的重要信息源。

和视觉一样，听觉也需要听觉刺激。它是由物体振动产生的。例如，悠扬的琴声是由琴弦的振动产生的，婉转的鸟鸣是由鸟儿声带的振动产生的。物体振动时对周围的空气产生压力，使空气分子做疏密相间的运动，就形成了声波。声波再通过空气传递到人耳，使之在耳中产生了听觉。

一个声音传来，我们一般能听出声音来自哪里，这种现象就是听觉的空间定位，听觉对我们进行空间定位是很重要的。盲人判断事物，主要靠听觉，但就听觉而言，单靠一只耳朵进行空间定位时，不能十分有效地判断声源的方位，却可以有效地判断声源的远近。

我们要准确地判断声源的方位，两只耳朵必须协同作用。由于我们的双耳位于头部左右不同的位置上，因而当声音从左右不同的方向传过来到达我们双耳时就会有一个先后的时间差，这一短暂的时间差就成为我们对声源左或右定位的重要线索；而当声波同时到达我们双耳时，我们就会对声源进行定位。

在一间安静的房间内，我们可以听到钟表的"滴答"声、暖气管中的水流声、窗外的流水声，但是如果室内人声嘈杂，上面的那些声音马上就会听不到了。这种现象被称为声音的掩蔽。下面这则故事中的小孩就充分利用了声音掩蔽的现象。

一位富有的农夫在巡视谷仓时，不慎将一只名贵的手表遗失在谷仓里，他在偌大的谷仓内遍寻不到，便定下赏金，要农场上的小孩到谷仓帮忙，谁能找到手表，便给他50美元。

重赏之下，小孩们都卖力地四处翻找。只有一个小孩在众人都忙着寻找手表的时候，坐在那里不为所动。谷仓内尽是成堆的谷粒以及散置的大批稻草，要在这当中找寻小小的一只手表，实在是大海捞针。

小孩们忙到太阳下山仍无所获，一个接着一个放弃了50美

元的诱惑，都回家吃饭去了。那个小孩在众人都离开之后，才开始努力寻找那只手表，原来他早就有了主意，手表在谷粒中肯定会发出声音，那么多人一起寻找，吵吵嚷嚷，手表发出的声音肯定听不到，若天色晚了，没人的时候，就一定可以听到手表的"滴答"声，这样就能找到手表了。

谷仓中慢慢变得漆黑，小孩虽然害怕，但他仍然凝声屏气，默默寻找。突然他发现在人声静下来之后，出现了一个奇特的声音。那声音"滴答、滴答"不停地响着，小孩立刻停下所有动作，谷仓内更安静了，"滴答"声十分清晰。小孩循着声音，终于在偌大的漆黑谷仓中找到了那只名贵的手表。

故事中的那个小孩非常聪明，巧妙地利用听觉找到了手表。事实上，萧瑟的风声、潺潺的流水、悠悠的琴声、啾啾的鸟鸣、优美的歌声……如此一个优美动听、充满生机的世界，都是听觉赐给我们的珍贵礼物。

很多人好奇，为什么世界上会有上述千差万别的声音呢？其实，这是由音调决定的。音调主要是由声波频率决定的听觉特性。声波的频率不同，人耳听到的音调高低也不同。音乐的音调一般为50～5000赫兹，言语的音调一般为300～5000赫兹，人的听觉频率范围为16～20000赫兹。其中1000～4000赫兹是人耳最敏感的区域。

飞机的轰隆声、火车的呼啸声、刺耳的电锯声，人耳在听到这些声音的时候会感觉非常难受，这其实和声音的音响有关。音响是由声音强度决定的一种听觉特性。强度大，听起来响度就高，反之则响度低。测量音响的单位为贝尔或分贝尔。

"和尚在，我去哪儿了"——自我认知

认识你自己。

——希腊箴言

自我认知也叫自我意识，或叫自我，是个体对自己存在的觉察，包括对自己的行为和心理状态的认知。如果一个人不能正确地认识自我，看不到自我的不足，觉得处处不如别人，就会产生自卑，丧失信心，做事畏缩不前……相反，如果一个人过高地估计自己，也会骄傲自大、盲目乐观，导致工作的失误。因此，恰当地认识自我，实事求是地评价自己，是自我调节和人格完善的重要前提。

从前有个解差，押送一名和尚去服役，途中解差为避免出现闪失，就每天早晨把所有重要的东西全部清点一遍。他先摸摸包袱，自言自语地说："包袱在。"又摸摸押解和尚的官府文书，告诉自己说："文书在。"然后再摸摸和尚的光头和系在和尚身上的绳子，说道："和尚在。"最后他摸摸自己的脑袋说："我也在。"

解差每天早晨都这样清点一遍，什么都不缺才放心上路。那个和尚把解差的一举一动都看在眼里，突然灵机一动，想出了一个逃跑的好办法。

一天晚上，他们俩照例在一家客栈里住了下来。吃晚饭的时候，和尚一个劲儿地给解差劝酒："长官，多喝几杯，没有关系的。顶多再有一两天，我们就该到了。您回去以后，因为押送我有功，一定会被上级提拔，这不是值得庆贺的事吗？应该多喝几杯！"解差听得心花怒放，喝了一杯又一杯，最后酩酊大醉，躺在床上鼾声如雷。

和尚赶快去找了一把剃刀来，三两下把解差的头发剃得干干净净，又解下自己身上的绳子系在解差身上，然后就连夜逃跑了。

第二天早晨，解差酒醒了，他迷迷糊糊地睁开眼睛，就开始例行公事地清点。先摸摸包袱："包袱在。"又摸摸文书："文书在。""和尚……咦，和尚呢？"解差大惊失色。忽然，他瞅见面前的一面镜子，看见了自己的光头，再摸摸身上系的绳子，就高兴了："嗯，和尚在。"不过，他马上又迷惑不解了："和尚在，那么我跑哪儿去了？"

自我，是一个"陌生的朋友"，既十分熟悉，又常常令人困惑。它是你"自己手中的东西"，然而我们往往对其熟视无睹，似乎它远在天边，神秘缥缈得很。例子中解差的行为就是对自我的不认知。

一般来说，认知发展是随着我们的年龄发展的，有4个阶段：

第一个阶段是在0～2岁的时候，这个阶段叫做感觉运动阶段。这个时候的心理运动特点主要是，婴儿通过自身的动作及与动作相联系的感知来认识外部世界，没有表象和言语，所以只能认识在眼前的物体。

这个阶段的孩子，只能认识父母，并用最简单的符号来表达自己的需要。

第二个阶段是在2～6岁的时候，这个阶段的心理运动叫做前运算时期的阶段。这个时候的心理运动特点是儿童产生了象征性的功能，开始摆脱对具体动作的依赖，可以凭借头脑中对事物表征与语言来进行思维。儿童已经开始认识到事物的存在不依赖自己对事物的动作和感知。儿童对事物的认识容易被事物的现象所左右。这一阶段的思维是一种象征性思维，它一方面使儿童的思维摆脱了对动作的依赖，另一方面也使儿童的思维局限于现象的世界，从而缺乏逻辑性。

第三个阶段是在6～11岁的时候，这个时期的儿童认识事物的特点已经和上两个阶段显著不同了，他们已经认识到一个事物的认知特征是无论如何也不会发生变化的，它们的量也永远不会发生变化。这个阶段的儿童，不仅能从别人的角度来看问题，而且对事物的本质性和类属关系都有了一定的认识。

第四个阶段就是形式运算的阶段。大约自 11～12 岁开始，在这一阶段，个体形成了完整的认知结构系统，能进行形式命题思维，智力发展趋于成熟。

随着年龄的增长，认知心理的发展也会不断成长，个性心理与性别心理就会凸显出来。个性心理是随着自己心理的成熟逐渐体现出来的东西，也是在自己的生活中逐渐体会出来的东西。

 猩猩的惊人智慧——顿悟

> 顿悟即是无念，何名无念，若见一切法心不染着，是为无念。
> ——慧 能

顿悟指的是通过观察，对情境的全局、对达到目标途径的提示有所了解，从而在主体内部确立相应的目标和手段之间的关系。

德国一位心理学家长期致力于猩猩的智力问题研究，他在担任猩猩研究站站长期间，发表了大量研究报告，揭示了猩猩的生活习性和学习本领。

猩猩研究中心有一只名叫沙尔的雄性猩猩，有一次，为了在它身上做一项特殊的实验，饲养员专门在一个上午不给它吃任何东西，让它处于极度的饥饿状态。午饭时间过后，等到时机差不多成熟了，饲养员才把它领到一个房间，房间的天花板上吊着一

串香蕉，沙尔即便站立起来也够不到。

沙尔一见香蕉便又蹦又跳，可怎么也够不着。它急得在屋子里来回打转，嘴里发出不满的吼声。这时候，饲养员在房间里放了一个大木箱、一根短木棒。沙尔犹豫了一下，它拿起棍子，试探着去够香蕉，可依然够不着。沙尔失望了，它沮丧地蹲在地上。就在它万般无奈的时候，突然，它直奔箱子，把它拖到香蕉的下面，然后又拿着那根短木棒，很敏捷地爬到了箱子上，轻轻一跳，香蕉就到手了。

几天之后，他们再次测试沙尔的学习本领。这次，他们把香蕉挂得更高，短棍换成了一个小木箱。

沙尔一开始仍然沿袭上次得到的经验，它把大箱子搬到香蕉下面，然后爬上去，但它并没有跳起来去抓香蕉，因为香蕉太高了，无论如何也是够不着的。

它茫然地坐在箱子上，有些不知所措。突然，它又跳了下来，抓住小箱子，拖着它满屋子乱转，同时发出愤怒的怪叫声，并用力地踢打墙壁。等到它气撒得差不多的时候，它忽然像明白了什么似的拖着小箱子来到大箱子跟前，稍微一用力，便将小箱子扔在了大箱子上面，然后迅速爬了上去，解决了难题。

除此之外，这位心理学家还设计了许多不同的难题让猩猩解

9

决。猩猩似乎能时不时地突然在某个关键时刻想到解决问题的办法,最后,这位心理学家解释说,这是猩猩在脑海里对形势的重塑。他将这种突然的发现叫做"顿悟",定义为"某种相对于整个问题的布局而出现的完美解决方法"。

通过一系列实验,这位心理学家还发现顿悟式学习不一定依靠奖励,而且当动物得到某种顿悟时,它不仅知道用顿悟得到的知识来解决当时的问题,而且可以有一定程度的融会贯通,甚至举一反三,把稍加改变的方法应用到其他不同的情形之中。按照心理学的术语来说,顿悟式学习能进行"积极传递"。

女王与妻子——角色转换

世界是个舞台,各种角色都有人扮演。

——(英国)托·米德尔顿

角色转换就像演员在舞台上扮演不同的角色一样,人处在不同的社会地位,从事不同的社会职业都要有相应的个人行为模式,即扮演不同的社会角色。因此,社会角色就是个人在社会关系体系中处于特定的社会角色转换位,并符合社会要求的一套个人行为模式。

维多利亚是英国历史上有名的女王,但是她私下和丈夫阿尔伯特亲王相处,不免也有一般家庭的争执场面。

有一次,他们夫妇又吵架了,丈夫阿尔伯特愤而回到卧室,

并且关上了门。事后维多利亚女王想想，知道是自己理亏，就在房间外敲门，打算向丈夫道歉。

"谁？"女王在敲门后，听到丈夫这样问道。

"英国女王！"

可是屋内没有任何回音，于是女王又敲了敲门。

"谁呀？"

"我是女王。"

可是对方依旧没有回答。

最后，维多利亚又敲了敲门，温柔地说道："对不起，亲爱的，开门好吗？我是你的妻子。"

这回房门从里面打开了。

上面的故事告诉我们，每个人在不同时候、不同场合会扮演不同的角色。在家里，维多利亚女王就是妻子，她不再是女王。在社会中，每个人都要扮演几种角色，如果弄错了场景，这些角色之间就会发生冲突，能否处理好这些冲突，决定了我们社会角色扮演的成功与否。

每个人都要在社会中扮演属于自己的社会角色。当个人在所履行的两个或多个社会角色之间或角色与人格之间，有难以相容感时，就发生了角色冲突。

消除角色冲突，可以采取如下几项方法：

1. 防止角色混同

不同角色的权利与义务是各不相同的，不能混为一谈，应当区别对待。如在与异性交往中，男性要把妻子、女朋友、女同事区别开来；同样道理，女性也要对丈夫、男朋友、男同事区别对待。

2. 学会换位思考

考虑和处理问题时，要站在他人的立场，将心比心、设身处地地体验不同于自己的别的角色的需求、遭遇和感受。比如丈夫站在妻子的角度，妻子站在丈夫的角度，下级站在领导的角度，领导站在下属的角度，这样自然就能消除角色冲突，促进人际关系的和谐。

3. 做好角色转换

我们在角色转换后，应当及时对所承担角色的权利与义务有明确的认识，对该角色应有行为做出清晰的理解，以求顺应变化，尽早进入新角色，转换角色行为。在单位时是领导，习惯于发布命令、指挥别人，但回到家里，履行作为丈夫和父亲的职责时，就不能一味地严肃正经。

漂亮的优势——光环效应

尺有所短，寸有所长。

——屈 原

20世纪20年代，美国心理学家爱德华·桑戴克曾经做过这样一个实验：他请了四名演员来协助他们的研究，两男两女，其中一位男士英俊潇洒，另一位则比较普通，但并不难看。两位女士中，也是一位如花似玉，另一位长相一般。

在应聘之前，心理学家特意地把他们的学历背景、工作经验全都做得基本一样，还对他们进行了训练，使他们在面试时表现一致。在他们的安排下，每次都是长相普通的面试在先，然后是长相出色的。

女士面试的其中有一个是公司前台的接待员。长相一般的女士先面试的时候，面试者是位男士，他先问其打字速度，回答说每分钟50字，错误为零，面试者连声说不错不错。面试者告诉对方，本公司的作息时间是朝九晚五，中午一小时午餐时间，一点钟准时回公司上班。该类工作的薪水一年是35000美元左右。结束时面试者说，他对她的技能很佩服，下星期一会给她回话。

第二天，长相出众的女士去同一公司面试，着装、公文包与那位长相平平的女士完全一样。她坐下来没几分钟，面试者突然压低了声音，问她在别的地方还有没有面试，她点头说还有几个，面试者就很严肃地问她能不能将其他的面试取消，因为他已决定将她录用。同时他告诉她公司的午餐时间为一小时，但又说，其实这个时间可以灵活掌握。同时他说，该工作的薪水每年是37000美元左右，希望她能答应上班。

接连几次实验下来，情况都相似。心理学家推测是不是因为面试者是男性，所以对女性的容貌特别敏感，于是他们为两位女士安排了主管是女性的应征工作。那位女主管也要招一名接待员，在面试长相出众的应聘者时，她说："我觉得你做接待

员有点大材小用了，看你的外表，我觉得你做我的私人秘书会更合适。"私人秘书比接待员要高几级，没想到这位女主管更受容貌的影响！

而两位男士那边，他们去面试的工作中其中有一个是股票经纪人。那个长相普通的男士先去面试，面试者问了几个简单问题后,就说:我觉得你还不错,下星期一等通知。然后便轮到长相英俊的男士面试。该男士在走廊里就碰到了面试者,面试者一看见他,就脱口而出:"你长得就像一个股票经纪人!"几个简单的问答下来,面试者就对他说:"你下周一可以来上班了,现在去人力资源部办手续。"

心理学家在实验结束后,邀请四位假定应聘者以及他们的面试者一起商讨关于容貌对就职的影响,结果只有那位面试前台接待员的男士和那位面试股票经纪人的女士来了。心理学家问那位前台接待员面试者,为什么录用了长相出众的应聘者,面试者矢口否认是看中了女演员的容貌而录取了她。

心理学家分析,这是所谓的"光环效应"——当我们看到一个长相出色、气质不凡的个体时,常常会情不自禁地将其他一些良好的质量加之于对方,比如容貌好的人嗓音也格外甜美,回答问题的水平也高过常人。

在日常生活中,我们常常会遇到这样一种现象,当一个人对另一个人的某些方面有了好的印象之后,就会认为这个人一切都好;反之,若先发现了某个人的某些缺点,就可能认为这个人什么都不好。总之,这个人某一方面的优点就像给他戴上了一个闪亮的光环,使得他的其他方面也变得更加完美了。这种现象在社会心理学中被称为"晕轮效应"或"光环效应"。

从心理学角度讲,光环效应仅仅抓住并根据事物的个别特征,而对事物的本质或全部特征下结论,是很片面的。因而,在人际交往中，我们应该注意告诫自己不要被别人的光环效应所影响，而陷入光环效应的误区。

 孩子们受到的不公平待遇——过度理由效应

激励是一种策略，更是一种艺术。

——（美国）德西

在一个小乡村里，有位老人在那里休养。刚开始的一段时间里，这里非常安静，但不知道从哪一天开始，住在附近的几个孩子总爱到这里玩耍，整天在那里互相追逐打闹，吵得老人无法好好休息。于是，老人不时地出来阻止，却根本不管用。

有一天，老人想到了一个办法。他把孩子们都叫到一起，然后拿出一些零钱。并告诉他们，谁叫的声音越大，谁得到的报酬就越多。于是，10多个孩子就在那里拼命地叫着。而老人也根据孩子们每次吵闹的情况，给予他们不同的奖励。

这种情况持续3周之后，来这里吵闹的孩子们习惯了这种获取奖励的方式。这时候，老人开始逐渐减少所给的奖励，立刻有几个孩子反对，他们觉得不应该减少给自己的奖励。但无论他们怎么说，老人始终不妥协。孩子们没有办法，觉得奖励虽然少点，可也总比没有奖励要强得多了。结果，又过了1周左右，老人拒绝向他们支付奖励。而且无论孩子们怎么吵，老人一分钱也不再给了。

于是，孩子们全都认为这实在是太可气了，自己受到的待遇越来越不公正，觉得"不给钱了谁还给你叫，那样不是明摆着自己吃亏吗"。从此之后，孩子们再也不到老人所住的房子附近大声吵闹了，即便有时候路过老人住的地方，也全都静悄悄地离开了，他们认为，就应该这样回复老人对自己的不公正。

上述故事中的老人所利用的，就是社会心理学上所说的"过度理由效应"。老人提供了一个对孩子们有足够吸引力的理由，把这些孩子引进了一个心理学上的误区，使他们用外在理由（得到报酬）来解释自己的行为（吵闹），那么，一旦外在理由不再存在（没有报酬了），这种行为也将趋于终止。

过度理由效应是由一个叫做德西的心理学家提出的。1971年，德西和他的助手使用实验方法，很好地证明了过度理由效应的存在。他以学生为实验对象者，请他们分别单独解决诱人的测量智力的问题。

这一实验分三个阶段：

第一阶段，每个实验对象者自己解题，不给奖励；

第二阶段，实验对象者分为两组，实验组每解决一个问题就得到1美元的报酬；

第三阶段，自由休息时间，实验对象者可以自由活动。目的是考察实验对象者是否维持对解题的兴趣。

最终结果显示，与奖励组相比较，无奖励组休息时仍继续解题，而奖励组虽然在有报酬时解题十分努力，而在不能获得报酬的休息时间，明显失去了对解题的兴趣。

实验说明，过度理由将会在每个人的身上发生作用，人们为了使自己的行为看起来合理，总是喜欢为发生过的行为寻找原因，在这个过程中，还往往先找那些显而易见的。如果找到的理由足以对行为作出解释，人们也就不再往更深处追寻了。

其实，过度理由效应也给了我们两点启示，分别是：

1. 不要止步于任何外部理由，而要深入发掘外在理由背后的原因，哪怕这种理由看上去是一种无稽之谈。

2. 如果我们希望某种行为得以保持，就不要给它过于充分的外在理由。

"被精神分裂"的心理学家——刻板印象

信念的固定性不仅可能反映思维的一贯性,而且还可能反映思想的惰性。

——(俄国)克留切夫斯基

某日,一个衣着整洁、文质彬彬的中年人来到美国东海岸一家著名的精神病院,要求到门诊就医。

他告诉给他看病的精神病医生,说自己很多天以来一直幻听,这些声音时隐时现、时大时小,但"就我所能分辨的是,它们好像在说'真的''假的'和'咚咚'"。精神病医生初步判断他患了精神分裂症,并且立即批准他住院。

这个中年人住院后,没有再提及那些声音,而且行为都十分正常,但医院的医生仍然认为他是精神病患者,护士们还在他的病历卡上面记录了这样一句:"病人有写作行为。"

奇怪的是和这个中年人同室的几个病人一开始就不认为这个中年人是精神病人,其中的一位甚至说:"你看上去根本不像一个疯子,你可能是个记者,或者是个大学教授。你是来医院体验生活的吧?"

事实上,这个中年人真的是一位大学教授,而且是一位心理学教授。这位病人说对了,而精神病医生却在自己的专业上犯了错误。

原来，这是美国某大学心理研究所进行的一项心理学实验，这项实验的主要目的是研究精神病医患之间的相互影响。当时，参加实验的人员除了一位心理学教授之外，还有7名年轻的心理学工作者。他们分别来到东海岸和西海岸的12家医院，全部声称自己幻听，结果无一例外地被当作精神病人给关进了医院。

住进医院之后，无论是言谈还是举止，他们立即表现得像个正常人。然而，就像那位心理学教授一样，这些人在医生的眼里是标准的"病人"，有的甚至被视为最危险的"病人"，因为他不吵不闹，还不停地写作、记笔记；在病人的眼里，他们则都是正常人，是有学问的人。

正是由于这种特殊身份，他们得以公开地观察医生对病人的态度和行为。他们观察的情况令人震惊：精神病院的医生和护士一旦认为某个病人患有精神分裂症，对于该病人日常生活中的一切举动，就一律视为反常行为：写作被视为写作行为，与人交谈被视为交谈行为，按时作息被视为嗜睡行为，发脾气被视为癫狂行为，要求出院被视为妄想行为，等等。结果，他们出院时费了很大的周折，从要求出院并一直做出正常表现平均20天，才得以离开医院。

上述故事中这种匪夷所思的情况其实就是我们社会生活和人际交往中常见的一种心理效应，即刻板印象。刻板印象指的是人们对某一类人或事物产生的比较固定、概括而笼统的看法，并且把这种看法推而广之，认为这个事物或者整体都具有该特征，而忽视个体差异。刻板印象广泛存在，并对人们的生活产生着一定的影响。比如极端的种族主义者认为黑人都是懒惰和邪恶的，我们还常听人说的"意大利人比较浪漫""女人比较善变"等，实际上都是给同一人群"贴标签"，也就是对这个群体的"刻板印象"。

刻板印象的形成，主要是由于我们在人际交往过程中，没有时间和精力去和某个群体中的每一个成员都进行深入的交往，而只能与其中的一部分成员交往，因此，我们只能"由部分推知全部"，由我们所接触到的部分，去推知这个群体的"全体"。

"物以类聚，人以群分"，居住在同一个地区、从事同一种职业、属于同一个种族的人总会有一些共同的特征，因此，刻板印象一般说来都还是有一定道理的。刻板印象毕竟只是一种概括而笼统的看法，并不能代替活生生的个体，因而"以偏概全"的错误总是在所难免。如果不明白这一点，在与人交往时，就会像削足适履的郑人，宁可相信作为"尺寸"的刻板印象，也不相信自己的切身经验，就会出现错误，导致人际交往的失败。

 **给总统送书——名人效应**

崇拜往往是朦胧的，距离恰好产生朦胧感。

——郑渊洁

一位出版商手里压有一批滞销书，过了很久都不能脱手。万分着急的时候，他忽然想出了绝妙的主意——"给总统送去一本书"。

第二天他便把书送了过去，然后三番五次地去征求意见。可整天忙于政务的总统根本就没有时间看他送来的书，所以，不愿与他有过多的纠缠，便随口回了一句："这本书不错。"

出版商听了之后，非常高兴，回去之后便大做广告："现有总统喜爱的书出售。"于是这些书立刻被一抢而空。

可没过多久，这位出版商又有书卖不出去了，于是，他又送了一本书给总统。总统上了一回当，想奚落他，就说："这本书糟透了。"出版商听了之后，脑子一转，又立刻跑回去做了这样

一则广告:"现有总统讨厌的书出售。"又有不少人出于好奇争相购买,结果,所有的滞销书被一抢而空。

第三次,出版商又将书送给总统,总统接受了前两次教训,便不作任何答复。出版商却又大做广告:"现有令总统难以断定的书,欲购从速。"居然又被一抢而空。搞得总统哭笑不得,而商人却赚了大钱。

上述故事讲述的是受到名人的暗示,从而产生的信服和盲从现象,也就是名人效应。名人效应,是指名人的出现所达成的引人注意、强化事物、扩大影响的效应,或人们模仿名人的心理现象的统称。名人效应已经在生活中的方方面面产生深远影响,比如名人代言广告能够刺激消费、名人出席慈善活动能够带动社会关怀弱者等。

名人效应的产生依赖名人的权威和知名度,名人之所以成为名人，在他们那一领域必然有其过人之处。名人知名度高，为世人所熟悉、喜爱，所以名人更能引起人们的好感、关注、议论和记忆。由于名人是人们心目中的偶像，人们都有羡慕名人、模仿名人的心理，所以由名人作出的示范作用效果会非常显著。

曾参杀人——从众效应

在激流中能够屹立的人，未必能坚挺于人海中。

——谚 语

春秋时期，在孔子的学生曾参的家乡费邑，有一个与他同名同姓也叫曾参的人。一天他在外乡杀了人。消息传出不久，一股"曾参杀了人"的风闻便席卷了曾参的家乡。

第一个向曾参的母亲报告情况的是曾家的一个邻人，那人没有亲眼看见杀人凶手。他是在案发以后，从一个目击者那里得知凶手名叫曾参的。

当那个邻人把"曾参杀了人"的消息告诉曾参的母亲时，并没有引起预想的那种反应。

曾参的母亲一向引以为骄傲的正是这个儿子。他是儒家圣人孔子的好学生，怎么会干伤天害理的事呢？曾母听了邻人的话，不惊不忧。她一边安之若素、有条不紊地织着布，一边斩钉截铁地对那个邻人说："不可能，我的儿子是个乖孩子，他是不会去杀人的。"

没隔多久,又有一个人跑到曾参的母亲面前说:"伯母,曾参真的在外面杀了人。"曾母依旧说:"不可能,我的儿子是个乖孩子,他是不会去杀人的。"然后就不理会他了,还是坐在那里不慌不忙地穿梭引线,照常织着自己的布。

又过了一会儿,第三个报信的人跑来对曾母说:"现在外面议论纷纷,大家都说曾参的确杀了人,现在已经被官兵抓起来了。"

曾母听到这里,心里骤然紧张起来。她开始相信这件事情是真的了,她害怕这种人命关天的事情要株连亲眷。她难过地哭了起来:"参儿呀!我相信你是一个好孩子,可是大家都说你杀了人,这些人跟你无冤无仇的,他们为什么要骗我呢?参儿啊!你真的杀了人吗?你是不是真的被官兵抓起来了?"

这时候,大家全都劝说曾母赶快逃跑,免得被官兵一起抓起来,曾参的母亲擦干眼泪说:"不行,如果我逃走了,那谁来照顾全家大小呢?"这时候,曾参回来了,大家都吓了一跳:"曾参,你不是杀了人,已经被官兵抓起来了吗?"

曾参说:"那个曾参不是我,是一个和我同名同姓的人!"

这时候,曾参的母亲才放心地笑起来:"我真是的,因为大家都说曾参杀了人,让我也怀疑自己的乖儿子杀了人。"

以曾参良好的品德和慈母对儿子的了解、信任而论,"曾参杀了人"的说法曾参的母亲是不应该相信的。然而,即使是一些不确实的说法,如果说的人很多,也会动摇一个慈母对自己贤德儿子的信任。由此可以看出,缺乏事实根据的流言是可怕的。

这个故事讲述的就是人们都有一种从众心理。生活中由于从众心理而产生的效应，称为"从众效应"。当个体受到群体的影响（引导或施加的压力），会怀疑并改变自己的观点、判断和行为，朝着与群体大多数人一致的方向变化。这也就是通常人们所说的"随大流"。

在生活中，每个人都有不同程度的从众倾向，总是倾向于跟随大多数人的想法或态度，以证明自己并不孤立。研究发现，持某种意见的人数多少是影响从众的一个最重要因素，人多本身就是说服力的一个明证，很少有人能够在众口一词的情况下还坚持自己的不同意见。

第二章
用健康心态构筑快乐人生

大臣开悟国王——乐观

> 如果神灵对于我，对于必须发生于我的事情，都已经作出了决定，那么其决定便是恰当的。
>
> ——（古罗马）马可·奥勒留

人生不可避免地要经历很多不如意的事情，很多事情也并不是我们自己可以自由选择的。《沉思录》的作者马可·奥勒留认为："如果神灵对于我，对于必须发生于我的事情，都已经作出了决定，那么其决定便是恰当的。"他劝自己接受所有在他身上发生的事情，这在很多人看来可能是顺从命运的消极主义看法。但是，在很多时候，很多东西并不是我们可以预测的，未来也不是凭我们的意志就可以改变的。世界上没有绝对的事情，任何事情都有两面性，塞翁失马，焉知非福？任何事情都是变化无常的，好的事情也会变坏，有的时候坏的事情也会出现好的转机。要学会从乐观的角度来看待和接受所发生的事情。

从前，有一个国家，它的宰相总是觉得一切都是最好的安排，这让国王觉得可笑又有些讨厌。

有一天,国王准备外出,突然下起了大雨,这让国王非常扫兴。但是宰相说:"这是一件好事情,大雨过后的街道一定会被冲刷得很干净,国王您就可以享受清新的空气了。"国王没说什么。

一次,国王准备外出巡视时却遇到了酷热的天气,十分郁闷。这时宰相又对国王说:"这是一件好事情,在这么炎热的天气下出巡才能了解百姓的疾苦。"国王忍着一股无名火没有发作。后来,国王在检查猎器时,不小心被猎器斩断了一截手指。宰相居然也认为这是上天最好的安排,是一件好事情。国王听后终于忍无可忍,立即把他打入大牢,并以一种幸灾乐祸的嘲讽口吻问宰相:"你认为这是一件好事情吗?你认为这也是最好的安排吗?"没想到宰相居然说是,国王更加生气地告诉他:"好,既然你认为好,那你就继续在这里待着吧!"

过了两天，国王去打猎，不小心进入森林深处，被食人族捉住了。当晚，食人族准备了柴火，支起了大锅，准备烹饪国王。但是，当食人族清洗国王身体的时候却发现国王少了根手指头，这在其族内是大忌，因为他们认为不完整的动物是不祥之物。于是他们用特有的仪式把国王送出离他们很远的森林之外。

劫后余生的国王回国后做的第一件事情就是去牢里拜见宰相，他激动地说："断了指头果真是一件好事情。"过了一会儿他突然想起了什么，他问宰相："难道我把你关在牢里这么多天也是好事情吗？"宰相说："当然是好事情了，陛下您想，如果我不在牢里而是像以往那样陪同您去打猎的话，我们都会被食人族捉住。您会因为那个断指而保全性命，但我必死无疑，因为我很完整啊！"

国王终于开悟：任何事情都有两面性，你所接受的都是最好的安排。

就像老子所说："祸兮福之所倚，福兮祸之所伏。"坏事可以引出好的结果，好事也可以引出坏的结果。当你的事业遇到瓶颈的时候千万不要灰心丧气，要接受现实并想办法进行突破，因为这刚好就是你百尺竿头更进一步的大好机会；当你在工作中遭遇重大失败的时候千万不要情绪低迷，这不是一件坏事情，因为经验教训是一笔宝贵的财富，你会避免今后再犯此类错误；当你与同事关系不好的时候，这也不是什么坏事情，因为这说明你该反省自己了，人只有不断反省才能不断成长进步。

总之，接受所有发生的事情吧，多点乐观精神，多把事情往好处想，让失意的事情来影响你的情绪，这样你会更加快乐，更加容易跨越所有阻碍与困难。

 只需一根柱子——自信

自信是成功的第一秘诀。

——（美国）爱默生

300多年前，名不见经传的年轻设计师克里斯托·莱伊恩参加了英国温泽市政府大厅的设计工作。他运用工程力学的知识，巧妙地设计只用一根柱子支撑的大厅天花板。一年以后，市政府权威人士进行工程验收时，说只用一根柱子支撑天花板太危险，要求莱伊恩再多加几根柱子。莱伊恩坚持一根柱子足以保证大厅的安全，他的"固执"惹恼了市政官员，险些被送上法庭。后来为了应付当局，他在大厅里又增加了4根柱子。

300多年的时间里，市政官员换了一批又一批，市政府大厅坚固如初。直到20世纪后期，市政府准备修缮大厅的天顶时，人们惊奇地发现，支撑大厅天花板

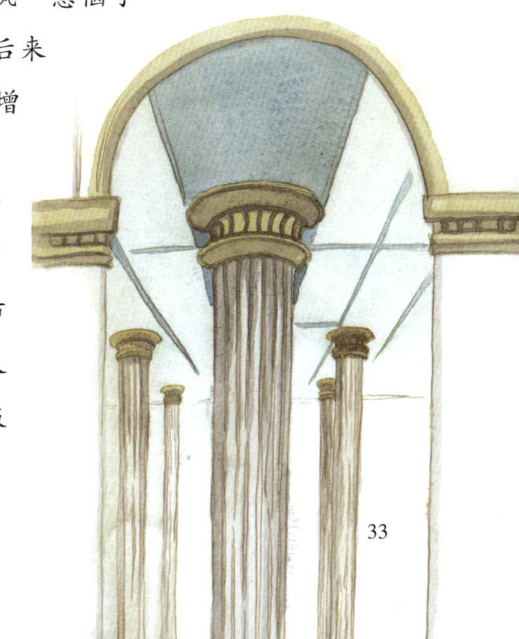

的依然是一根柱子，而其他4根柱子并没有与天花板接触，只是摆设。

消息传出，世界各国的建筑师和游客慕名前来，观赏这几根神奇的柱子，并把这个市政大厅称作"嘲笑无知的建筑"。最让人们称奇的，是这位建筑师当年刻在中央圆柱顶端的一行字：自信和真理只需要一根支柱。

人们在资料中发现他当时讲过的一句话：我很自信，自信至少在100年后，当你们面对这根柱子时，只能哑口无言，甚至瞠目结舌，你们看到的不是什么奇迹，而是我对自信心的一点点坚持。

故事中主人公的自信是我们每一个人要学习的。自信是发自内心的自我肯定与相信。自信无论在人际交往，还是事业工作上都非常重要。自信是一根柱子，它不仅可以撑起高楼大厦，也可以撑起我们的人生。

一个人要想增强自信，可从以下几点做起：

（1）积极自我暗示，相信自己能行。每天早晨起床后、临睡前各默念几次："我是最好的，我是最棒的。"这样，就会通过自我积极的暗示，鼓舞自己的斗志，增加心理力量，使自己逐渐树立起自信心。

（2）注意仪表，保持精神风貌。漂亮的仪表能够得到别人的夸奖和好评，提高人的精神风貌和自信心。所以，自卑的人特别要注意学会从头到脚扮靓自己，保持发型美观，衣着整洁、大方。

当你的仪表得到别人的夸赞时,你的自信心一定会油然而生。

（3）挺起胸膛,让步履轻松稳健。心理学家告诉我们,步态的调整,可以改变心理状态。自信的人走起路来则是胸膛直挺,步子稳健轻松。挺起胸膛,你的自信心就会慢慢增长。

（4）挑前面的位子坐,敢于引人注目。有意识地练习坐在前面,能够引起别人的关注,拉近你与领导、师长的心理距离,赢得他们的赏识,激发自信心,集中注意力。

（5）练习正视别人,提高自我胆识。一个人的眼神可以透露出许多有关他的信息。不敢正视别人是胆怯、心虚的表现。而大大方方地正视别人,等于告诉他人:"我是诚实的,而且光明正大,毫不心虚。"因此,在学习和工作中要经常提醒自己要面带微笑,正视别人,用温和的目光与别人打招呼,用点头表示问候,用聚精会神、专心致志的听讲表示对他人的理解与支持。

丘吉尔的妙答——幽默

幽默是生活波涛中的救生圈。

——（德国）布拉

他是二战时反法西斯阵营的三巨头之一,他曾连续两届担任英国首相,直到今天,人们仍将他列为20世纪最重要的政治领袖之一,他就是温斯顿·丘吉尔。除此之外,他还是演说家、作家、记者、历史学家和画家。

一个具有幽默感的人，一定会具有强大的人格魅力，因为他总能强烈地感受到自己的力量，所以能够从容地应对各种尴尬、困苦的窘境。丘吉尔不仅是声名卓著的政治家、军事家，还是机敏睿智的幽默大师。他思维敏捷、语言机智，常常用幽默的语言化被动为主动，捍卫自己和国家的尊严。

有一次，萧伯纳为庆贺自己的新剧本演出，特发电报邀请丘吉尔看戏："今特为阁下预留戏票数张，敬请光临指教。并欢迎你带友人来——如果你还有朋友的话。"丘吉尔看到后立即复电："本人因故不能参加首场公演，拟参加第二场公演——如果你的剧本能公演两场的话。"丘吉尔善用幽默的特点由此可见一斑。

不仅在生活中如此，即便是在政治上，丘吉尔也能够将这种智慧应用自如。丘吉尔有一个习惯，一天之中无论什么时候，只要一停止工作就爬进热气腾腾的浴缸中去洗澡，然后裸着身体在浴室里来回踱步，以事休息。

二战期间，一次，丘吉尔来到白宫，要求美国给予军事援助。当他正在白宫的浴室里光着身子踱步时，有人敲浴室的门。

"进来吧，进来吧。"他大声喊道。门一打开，出现在门口的是罗斯福。他看到丘吉尔一丝不挂，便转身想退出去。

"进来吧，总统先生，"丘吉尔伸出双臂，大声呼喊，"大不列颠的首相是没有什么东西需要对美国总统隐瞒的。"看到此景的罗斯福会心一笑，当场就被丘吉尔的机智幽默所折服。

就是通过这样直白坦率而又幽默的方式，丘吉尔最终赢得了美国总统的信任，让美国和英国结成了同盟，从而帮助自己的国家走出了困境。幽默是一种智慧，更是一种胸襟和力量。

通过上述的故事我们知道，幽默让丘吉尔获得了成功。幽默的力量是无穷的，它可以吸引众人的注意力，可以在微笑间缩短彼此的距离。可以在各种紧张、尴尬的场合中，发挥出非凡的作用，使所有令人不快的气氛一下子变得愉悦而轻松，使对立冲突、一触即发的态势转为和谐与融洽，还能使对方心悦诚服地理解、接纳你的观点。

生活中的你，是整天一副严肃的表情，还是常能于妙趣横生中化干戈为玉帛呢？

要知道，幽默并不仅仅是一种单纯的说笑，它还是一种智慧的迸发、善良的表达，是交往的润滑剂，更是一种胸怀和境界。

幽默不仅能增加你和朋友之间的友谊，更能使一些误解得到

消除。幽默就像阳光一样，可以使这个世界变得温暖明媚。因此，我们一定要培养自己的幽默感，多参加社会交往，多接触形形色色的人，增强社会交往能力，使自己的幽默感增强。多参加专门的幽默训练，从自我心理修养和锻炼出发来提高自己，比如拓宽自己的知识面，知识积累得多了，与各种人在各种场合接触就会胸有成竹、从容自如。

不食嗟来之食——自尊

人类有许多高尚的品格，但有一种高尚的品格是人性的顶峰，这就是个人的自尊心。

——（苏联）苏霍姆林斯基

战国时期，各诸侯国互相征战，老百姓不得太平，如果再加上天灾，老百姓就没法活了。这一年，齐国大旱，一连3个月没下雨，田地干裂，庄稼全死了，穷人吃完了树叶吃树皮，吃完了草苗吃草根，眼看着一个个都要被饿死了。可是富人家里的粮仓堆得满满的，他们照旧吃香的喝辣的。

有一个富人名叫黔敖，看着穷人一个个饿得东倒西歪，他反而幸灾乐祸。他想拿出点粮食给灾民们吃，但又摆出一副救世主的架子，他把做好的窝窝头摆在路边，施舍给过往的饥民们。每当过来一个饥民，黔敖便丢过去一个窝窝头，并且傲慢地叫着："叫花子，给你吃吧！"有时候，过来一群人，黔敖便丢出去好几个

窝头让饥民们互相争抢,黔敖在一旁嘲笑地看着他们,十分开心,觉得自己是大恩大德的活菩萨。

这时,有一个瘦骨嶙峋的饥民走过来,只见他满头乱蓬蓬的头发,衣衫褴褛,将一双破烂不堪的鞋子用草绳绑在脚上,他一边用破旧的衣袖遮住面孔,一边摇摇晃晃地迈着步,由于几天没吃东西了,他已经支撑不住自己的身体,走起路来有些东倒西歪。黔敖看见这个饥民的模样,便特意拿了两个窝窝头,还盛了一碗汤,对着这个饥民大声喊道:"喂,过来吃!"那个饥民像没听见似的,没有理他。黔敖又叫道:"喂,听到没有?给你吃的!"只见那饥民突然精神振作起来,瞪大双眼看着黔敖说:"收起你的东西吧,我宁愿饿死也不愿吃这样的嗟来之食!"最后那个人因饥饿而死。

古往今来，有许多自尊自强的人。陶渊明不为五斗米折腰，李白高吟"安能摧眉折腰事权贵，使我不得开心颜"……他们都没有因一时的困窘而忘了自己的尊严。

自尊即自我尊重。在心理学上，自尊感可以是个体对自我形象的主观感觉，可以是过分的或不合理的。一般来说，心理健康的人自尊感比较高，认为自己是一个有价值的人，并感到自己值得别人尊重，也较能够接受个人不足之处。形成自尊感的要素有安全感、归属感、成就感等，这些因素都与个体的外在环境有关。自尊的心理品质，不是天生的，而是在生活、学习和工作中逐步培养起来的。要培养正确的自尊心，需要做到以下几点：一、寻找个人自尊的支点，即自己突出的优点和长处；二、要有正确的方向，即培养个人的自尊，并懂得把个人的自尊上升为集体、国家的自尊。

跌跤的福特总统——豁达

一个宽宏大量的人，他的爱心往往多于怨恨，他乐观愉快、豁达、忍让而不悲伤、消沉、焦躁、恼怒。

——（科威特）穆尼尔·纳素夫

曾任美国总统的福特在大学里是一名橄榄球运动员，体质非常好，所以在62岁入主白宫时，他仍然非常挺拔结实。当了总统以后，他仍继续滑雪、打高尔夫球和网球，而且擅长这几项运动。

在1975年5月,他到奥地利访问,当飞机抵达萨尔茨堡,他走下舷梯时,他的皮鞋碰到一个隆起的地方,脚一滑就跌倒在跑道上。他站起来,没有受伤,但使他惊奇的是,记者们竟把他这次跌倒当成一项大新闻,大肆渲染起来。在同一天里,他又在丽希丹宫被雨淋湿了的长梯上滑倒了两次,险些跌下来。随即一个说法散播开了:福特总统笨手笨脚,行动不灵敏。自此以后,福特每次跌跤或者撞伤头部或者跌倒在雪地上,记者们总是添油加醋地把消息向全世界报道。后来,竟然他不跌跤也变成新闻了。

哥伦比亚广播公司曾这样报道说:"我一直在等待着总统撞伤头部,或者扭伤胫骨,或者受点轻伤之类的来吸引读者。"记者们如此的渲染似乎想给人造成一种印象:福特总统是个行动笨拙的人。电视节目主持人还在电视中和福特总统开玩笑,喜剧演员切维·蔡斯甚至在《星期六现场直播》节目里模仿总统滑倒和

跌跤的动作。

福特的新闻秘书朗·聂森对此提出抗议，他对记者们说："总统是健康而且优雅的，他可以说是我们能记得起的总统中身体最为健壮的一位。""我是一个活动家，"福特抗议道，"活动家比任何人都容易跌跤。"他对别人的玩笑总是一笑了之。

1976年3月，他还在华盛顿广播电视记者协会年会上和切维·蔡斯同台表演过。节目开始，蔡斯先出场。当乐队奏起"向总统致敬"的乐曲时，他"绊"了一脚，跌倒在歌舞厅的地板上，从一端滑到另一端，头部撞到讲台上。此时，每个到场的人都捧腹大笑，福特也跟着笑了。轮到福特出场时，蔡斯站了起来，佯装被餐桌布缠住了，弄得碟子和银餐具纷纷落地。蔡斯装出要把演讲稿放在乐队指挥台上，可一不留心，稿纸掉了，撒得满地都是。众人哄堂大笑，福特却满不在乎地说道："蔡斯先生，你是个非常、非常滑稽的演员。"

生活是需要睿智的。如果你不够睿智，那至少可以豁达。以乐观、豁达、体谅的心态看问题，就会看到事物美好的一面；以悲观、狭隘、苛刻的心态去看问题，你会觉得世界一片灰暗。两个被关在同一间牢房里的人，透过铁窗看外面的世界，一个看到的是美丽的星空，而另一个看到的是地上的垃圾和烂泥，这就是区别。

面对嘲笑，最忌讳的做法是勃然大怒、大骂一通，其结果只会让嘲笑之声越来越盛。要让嘲笑自然平息，最好的办法是一笑了之。一个有目标的人,不会去考虑别人多余的想法,而是有风度、有气概地接受一切非难与嘲笑。伟大的心灵多是海底之下的暗流,唯有小丑式的人物才会像一只烦人的青蛙一样,整天聒噪不休!

那么,我们该怎么做才能让自己拥有豁达的胸襟呢?方法很简单,尝试做到以下几点即可:

(1)凡是小事,不要太过和人计较,要原谅别人的过失,但是大事也不要糊涂,要有是非观念。

(2)不为不如意事所累。不如意事来临时,能泰然处之,不为所累,器量自可养大。

(3)受人讥讽恶骂,要自我检讨,不要反击对方,器量自然会增长。

(4)懂得吃亏是福,久而久之,从吃亏中就会增加自己的器量。

(5)见人一善,要忘其百非。只看见别人的缺点而不见别人的优点,无法养成豁达的胸襟。

法师与小沙弥——平常心

得而不喜,失而不忧。

——庄子

有一个寺院里收留了一个十几岁的流浪儿,这个流浪儿头脑非常灵活,给人一种脚勤嘴快的感觉。灰头土脸的流浪儿在寺里

剃发沐浴之后，就变成了一个干净利落的小沙弥。

法师一边关照他的生活起居，一边苦口婆心、因势利导地教给他为僧做人的一些基本常识。看他接受和领会问题比较快，又开始引导他习字念书、诵读经文。也就在这个时候，法师发现了这个小沙弥的致命弱点——心浮气躁、喜欢张扬、骄傲自满。例如，他刚学会几个字，就拿着毛笔满院子写、满院子画；再如，他一旦领悟了某个禅理，就一遍遍地向法师和其他僧侣们炫耀；更可笑的是，当法师为了鼓励他，刚刚夸奖他几句，他马上就在众僧面前显摆，甚至不把其他人放在眼里，大有不可一世之势。

为了改变和遏制他的不良行为和作风，法师想了一个启发、点化他的非常智慧的办法。这一天，法师把一盆含苞待放的夜来香送给这个小沙弥，让他在值更的时候，注意观察一下花卉的生长状况。

第二天一早，还没等法师找他，他就欣喜若狂地抱着那盆花一路招摇地主动找上门来，当着众僧的面大声对法师说："您送给我的这盆花太奇妙了！它晚上开放，清香四溢，美不胜收。可是，一到早晨，它又收敛了它的香花芳蕊……"

法师就用一种特别温和的语气问小沙弥："它晚上开花的时候，吵你了吗？"

"没有，"小沙弥高高兴兴地说，"它的开放和闭合都是静悄悄的，哪能吵我呢。"

"哦，原来是这样啊，"法师以一种特别的口吻说，"老衲还以为花开的时候得吵闹着炫耀一番呢。"

小沙弥愣怔一阵之后，脸唰地一下就红了，喏喏地对法师说："弟子领教了，弟子一定改过！"

爱叫的鸟儿没虫吃。那些喜欢四处炫耀自己一点点成就的人，就像瓶子，很容易摔碎。山深愈幽，水深愈静。真正有学问有道行的人、真正成功和芬芳的人生，不需要张扬、炫耀。

不管你比别人多拥有了多少智慧、美貌、财富，如果不保持谦恭的态度、谨慎的作风，最后都可能只是暂时拥有。

因此，我们在生活中一定要戒骄戒躁，保持一颗平常心。即

使一时取得了优异的成绩，也要学会像花儿那样静静地开放。

"先生，你掉了钱"——善良

> 善良既是历史中稀有的珍珠，善良的人便几乎优于伟大的人。
> ——（法国）雨果

法国的一座小城市，很少有外地的剧团或乐队来演出。一天，这座城市来了一个马戏团，7个孩子穿着干净的衣裳，手牵着手排在父母的身后等候买票。他们兴高采烈地谈论着上演的节目，好像自己就要骑着大象在舞台上表演似的。

终于轮到他们了，父亲走到窗口期待地跟售票员说道："请给我7个小孩、2个大人的票。"

售票员说出了价格。一旁的母亲的心颤了一下，她扭过头，眼垂得很低。父亲轻声地问了一遍："你刚才说要多少钱？"售票员重复了一次价格。父亲的眼里透着痛楚，他实在不忍心告诉他身旁兴致勃勃的孩子：我们的钱不够！

一位排队买票的男士目睹了这一切，他悄悄地把手伸进口袋，把一张50元的钞票拉出来，让它掉到地上，然后拍拍那个父亲的肩膀，指着地上说："先生，你掉了钱。"

父亲回过头，瞬间就明白了。他的眼圈红红的，随后，他弯下腰捡起了地上的钞票，然后又紧紧握住了男士的手："谢谢先生，这对我和我的家庭意义重大。"

故事中的男士是一个具有善良个性品质的人，他故意掉下钱，在顾及别人感受的情况下，帮助别人，这种善良、伟大的举动值得我们每一个人学习。

心存善良，就会以他人之乐为乐，乐于扶贫帮困，心中就常有欣慰之感；心存善良，就会与人为善，乐于友好相处，心中就常有愉悦之感；心存善良，就会光明磊落，乐于对人敞开心扉，心中就常有轻松之感。总之，心存善良的人，会始终保持泰然自若的心理状态，这种心理状态能把血液的流量和神经细胞的兴奋度调至最佳状态，从而提高机体的抗病能力。所以，善良是心理养生不可缺少的高级营养素。

第三章
交往的艺术

 两个人的不同结局——留有余地

凡事留余地,雅量能容人。

——曾国藩

为人处世时,不要将事情做绝了,给别人留余地实际上也是给自己留余地。将他人逼上"梁山",自己必定不会有好果子吃。

一个人打算远远离开自己的小村庄,永不回来。当他走过绳索桥的时候,用随身携带的长刀,费了九牛二虎之力将绳子全部割断,小桥也因此沉入江底。他不想给别人留下与外界联系的小路,走了几步他才发现前方居然是悬崖,他想折回,但身后早已无路。

另一个背着行囊的人爬上了一座岔路很多的山,他边走边用石头在路边留下记号,为别人也是为自己。后来,他的面前出现了一道悬崖,但他靠着自己留的路标,安全地原路返回。

同样是行路之人,为什么结果大相径庭?原因很简单——后者为他人更为自己留下了一条后路,而前者是自欺欺人,自食其果。其实,不管是行路还是干任何事、说任何话,都应该留有余地,给别人留有余地就是给自己留条后路。

我们都知道,由于每个人的智慧、经验、价值观、生活背景都不相同,因此与人相处有摩擦是难免的。

在我们周围,总有一些时时处处与他人争斗的人,在他们的不断攻击下,你可能会不由自主地陷入争斗的旋涡,并因此焦躁起来,一方面为了面子,一方面为了利益,一得了"理"便不饶人,非逼对方鸣金收兵或竖白旗投降不可。然而"得理不饶人"虽然让你暂时吹着胜利的号角,但这也很可能是下次争斗的前奏;"战败"的一方失去了面子和利益,当然要"讨"回来。在以后的工作或生活中他一定会加倍地反对你,与你为敌,这样下去的后果只能是两败俱伤。

其实,面对处处与你竞争的人,最好以容纳百川的胸怀对待对方。虽然"得理不饶人"是你的权利,但何妨"得理且饶人"。放对方一条生路,让对方有个台阶可下,为其留点面子和立足之地,对自己则好处多多。

人与人之间总有见面的机会,事情做得留有余地也就为将来

见面留有了余地。丘吉尔说过没有永远的朋友,也没有永远的敌人,无论竞争多么激烈的对手,竞争过后都会有联合的可能,因此,竞争总是存在,而"见面"的机会也总是存在的。生意场上有这么一句话"给人一活路,给己一财路",做人应该把目光放远一些,人生之路才会越来越宽。

 受委屈的邓肯——灵活应对

一句话把人说笑,一句话把人说跳。

——谚 语

人无论处在何种地位,也无论是在哪种情况下,都喜欢听好话,喜欢受到别人的赞扬,希望自己的努力得到他人和社会的承认。锋芒毕露的人有锋芒也有魄力,在特定的场合显示一下自己的锋芒,是很有必要的,但是如果太过,不仅会刺伤别人,也会伤到自己。

舞蹈家邓肯是19世纪富传奇色彩的女性,热情浪漫外加叛逆的个性使她成为反对传统婚姻和传统舞蹈的前卫人物。她小时候非常纯真,常坦率得令人发窘。

一次圣诞节,学校举行庆祝大会,老师一边分糖果、蛋糕,一边说着:"看啊,小朋友们,圣诞老公公给你们带来了什么礼物?"

邓肯马上站起来,严肃地说:"世界上根本没有圣诞老公公。"

老师虽然很生气,但还是压住心中的怒火,改口说:"相信圣诞老公公的乖女孩才能得到糖果。"

"我才不稀罕糖果呢。"邓肯回答。

老师勃然大怒,罚邓肯坐到前面的地板上。

为此,邓肯觉得自己很委屈,她想不通为什么她只是表达了一下自己的真实感受却受到如此的处罚。

邓肯的想法是真实的,但是不假思索地说出来必然会影响到他人的感受,让别人感到不快。与人打交道,我们都希望对方是真诚的,但真诚并不等于直接地将自己的感觉说出来,如果这样说出来的话可能不仅不能达到目的,反而会影响到与他人的交往,因为没有一个人喜欢对着一张黑脸包公。

中国有句古话叫"不看你说的什么,只看你怎么说的"。同样一个意思,不同的人有不同的说法,不同的说法有不同的效果。与人交流时,不要以为内心真诚便可以不拘言语,我们还要学会委婉地表达自己的想法。

罗斯福曾经说过这样一段话:"假如我的邻居失火了,在四五百英尺以外,我有一截浇花园的水龙带,要是给邻居拿去接上水龙头,我就可能帮他把火灭掉,以免火势蔓延到我家里。这时，我怎么办呢？我总不能在救火之前对他说：'朋友，这条管子我花了15元，你要照价付钱。'这时候，邻居刚好没钱，那么我该怎么办呢？我应当不要他15元钱，我要他在灭火之后还我水龙带。要是火灭了，水龙带还好好的，那他就会连声道谢，原物奉还。假如他把水龙带弄坏了，他答应照赔不误的话，现在我拿回来的是一条仍可用来浇花园的水管，那我也不吃亏。"的确，这样，一方面成全了自己的愿望，另一方面又不至于让别人心里觉得不舒服。很多时候，同样的事情，同样的意愿，但是不同的表达会导致不同的效果。

那么，我们究竟如何才能做到拒绝他人而又不失礼呢？

首先，可以运用风趣的语言表述自己的观点。

当你对别人的言谈举止很厌恶，并想力图摆脱时，但基于当时的气氛和情境或碍于对方的面子，不好表达时，最好采用风趣的方式。只要你运用得当，你所处的困境就会随之得到轻松解脱。而对方也不会受到伤害。

其次，可以妙用通俗比喻。

真诚并不等于不加修饰地说出自己的想法。也许在交流某事上，你的想法与旁人正好相反，而你又要将此种想法坚持到底，但只要你将这种想法表达出来就会伤害到这些与你持相反想法之人。这时，你千万别强硬地将你的想法直接表达出来，不妨采用通俗的比喻来委婉而曲折地表达。这样会取得更好的沟通和说服效果。

总之，千万不要以为人际交往中的真诚就等于双方直接简单、毫无保留地相互袒露。我们要本着善意和理性，把那些真正有益于双方的东西系上美丽的红丝带送给对方。

 卡耐基谨记的教训——避免争论

我们绝不可能对任何人——无论其智力的高低——用口头的争斗改变他的思想。

——（美国）戴尔·卡耐基

一个过于争强好胜的人得到的只是暂时的、表演式的、口头的胜利；有些人总是喜欢与人舌战不休，拍桌打椅，与人争得面红耳赤、嗓音嘶哑，而最后的结果只有一个：徒劳无益。因为即使他争赢了，但这种表面的胜利实无大益；而且会伤害对方的自尊，影响对方的情绪。若是争输了，当然自己也不会觉得光彩。所以，最好的策略就是避免与人争论。

赫赫有名的卡耐基，其实在人际关系上也是有过失误的。

第二次世界大战刚结束的某一天晚上，他在伦敦参加一场宴会。宴席中，坐在他右边的一位先生讲了一段幽默故事，并引用了一句话。那位健谈的先生说，他所引用的那句话出自《圣经》。

"他错了，"卡耐基回忆说，"我很肯定地知道出处。为了表现优越感，我很多事，很讨厌地纠正他。他立刻反唇相讥：'什么？出自莎士比亚？不可能！绝对不可能！那句话出自《圣经》。'

"我的老朋友法兰克·格孟坐在我左边。他研究莎士比亚的

著作已有多年,于是我俩都同意向他请教。格孟听了,在桌下踢了我一下,然后说:'你错了,这位先生是对的。这句话出自《圣经》。'

"那晚回家的路上,我对格孟说:'法兰克,你明明知道那句话出自莎士比亚。''是的,当然,'他回答,'《哈姆雷特》第五幕第二场。可是亲爱的,我们是宴会上的客人。为什么要证明他错了?那样会使他喜欢你吗?为什么不给他面子?他并没问你的意见啊。他不需要你的意见。为什么要跟他抬杠?永远避免跟人产生正面冲突。'"

"永远避免跟人产生正面冲突。"卡耐基谨记了这个教训,同时也告诉了我们一个成功说服的大前提。

卡耐基小时候是个积重难返的杠子头,他和哥哥曾为天底下任何事物而抬杠。进入大学,他又选修逻辑学和辩论术,也经常参加辩论比赛。他曾一度想写一本这方面的书,他听过、看过、参加过、也批评过数千次的争论。这一切的结果,使他得到一个结论:天底下只有一种能在争论中获胜的方式,就是避免争论,要像躲避响尾蛇和地震那样避免争论。

客观来讲,争论十之八九的结果,只会使双方比以前更相信自己的正确性。你赢不了争论。要是输了,当然你就输了;如果赢了,还是输了。为什么?因为对方即使口服,但心里并不服。

事实上,避免争论可以节省大量时间和精力,使你投入到完善你的观点和实践你的观点的工作中去。完全没有必要浪费太多的精力去干那种没有结果也毫无意义的事情。少了面红耳赤的争论,只会使双方相互尊重,从而增进友谊,有利于思想交流和意见的交换。

 能言善辩的口才家优孟——实话巧说

用风趣的方式说出严肃的真理,比直截了当地提出更易让人接受。

——(法国)雷曼麦

人际交往中,每个人都有自己独特的个性、爱好和生活态度,在交谈的过程中难免会产生观念上的差异。如果我们能在不否定他人见解的前提下得体地表达自己的意思,常常就会取得交际上的成功。

委婉通常有3种类型:借用式、曲语式和讳饰式。借用式,是指借用某一事物或其他事物的特征来代替对事物本质问题直接回答的语言方法;曲语式,是指用曲折含蓄的语言和融洽的语气表达自己看法的语言方法;讳饰式,是指用委婉的词语表达不便明说或使人感到难堪的语言方法;此外,正话反说也是一种委婉

说话的技巧，其特点就是字面意思与本意完全相反，让听者自觉去领悟，从而接受你的意见。

优孟是楚国的艺人，身高八尺，喜欢辩论，常常用诙谐的语言婉转地进行劝谏。楚庄王有一匹心爱的马，于是给它穿上锦绣做的衣服，让它住在华丽的房子里，用挂着帷帐的床给它做卧席，用蜜渍的枣干喂养它。结果马得肥胖病死了，于是楚庄王让臣子们给马治丧，要求用棺椁殡殓，按照安葬大夫的礼仪安葬它。群臣纷纷劝阻，认为不能这样做。楚庄王急了，下令说："有谁敢因葬马的事谏诤的，立即处死。"

优孟听到这件事，走进宫门，仰天大哭。楚庄王吃了一惊，问他哭的原因。优孟说："这马是大王所心爱的，堂堂的楚国，怎么能只按照大夫的礼仪安葬它？它会死不瞑目的，能不能请大王批准用安葬国君的礼仪安葬它？"

楚庄王问："怎么葬？"

优孟回说："大王何不用雕花的美玉做棺材，用漂亮的梓木做外椁，用楩、枫、豫樟各色上等木材做护棺，发动士兵给它挖掘墓穴，让年老体弱的人背土筑坟，请齐国、赵国的代表在前面陪祭，请韩国、魏国的代表在后头守卫，盖一所庙宇用牛羊猪祭供它，还要拨个万户的大县长年管祭祀之事呢。我想各国听到这件事，就都知道大王对人和对马的态度了。"

楚庄王说："我的过错竟然到了这个地步？现在该怎么办呢？"

优孟说："让我替大王用对待六畜的办法来安葬它：堆个土灶

做外椁,用口铜锅当棺材,调配好姜枣,再加点木兰,用稻米做祭品,用火光做衣服,把它安葬在人们的肚肠里不是更好吗?"楚庄王当即就派人把死马交给太官,以免天下人张扬这件事。

故事中的优孟采用的说服策略就是委婉地正话反说。优孟因侍从楚庄王多年,熟知楚庄王的性情,知道此时的忠言逆耳是行不通的。于是,他便从认同、礼颂楚庄王的"贵马"精神的后面,烘托出另一种相反的又正是劝谏的真意——讽刺楚庄王的腐败举动,从而使楚庄王改变自己的决定。在特定的情况下,采用正话反说的方法会收到出奇制胜的效果。

委婉的神奇效果有很多,具体来说包括以下几点:

(1)能够表达不便直接表达的意思。

（2）提升你的人气。

（3）给人台阶下，给自己面子。

（4）能够将一场"暴力"转化为温馨的相处。

所以，要想有好的人缘，委婉的说法是必不可少的，有人以"心直口快"为美德，其实，"心直"固然可嘉，但"口快"却未必值得学习。如果我们加以区别各种情况，该直说的时候直说，该委婉的时候也别羞于委婉，那生活中的烦恼就会少很多，你也会在轻松愉快中拥有良好的人缘。

史考伯的经验之谈——学会赞美

> 赞扬，像黄金钻石，只因稀少而有价值。
>
> ——（英国）塞缪尔·约翰逊

赞美别人是一种有效的情感投资，而且投入少、回报大，是一种非常符合经济原则的行为方式。对同事加以赞美，能够联络感情，使彼此愉快地合作；对下属的赞美，能赢得下属的忠诚，换得他们的工作用心和创造精神；对商业伙伴的赞美，能赢得更多的合作机会；对妻子或丈夫的赞美，使夫妻更加甜蜜；对朋友的赞美，能赢得崇高的友谊。

钢铁大王安德鲁·卡内基对于赞美也曾这样提醒我们：说句好话轻而易举，只要几秒钟，便能满足人们内心的强烈需求，注意看看我们所遇见的每个人，寻觅他们值得赞美的地方，然后加以赞美吧!

查尔斯·史考伯是美国商界年薪最先超过 100 万美元的人之一,在他 38 岁时,便出任了由安德鲁·卡内基提拔新组的美国钢铁公司的第一任总裁。为什么钢铁大王安德鲁·卡内基要付给史考伯一年 100 万美元的薪资?

因为史考伯是一名奇才吗?不是。因为他对钢铁的制造知道得比其他人多吗?也不是。史考伯的手下有许多人,他们对钢铁的制造知道得比他还多。

然而,史考伯认为,他能得到这么多的薪金,主要是因为他与人相处的能耐。那么,他究竟是如何与人相处的呢?以下就是他的秘诀:"我认为,我那能够使员工鼓舞起来的能力是我所拥

有的最大资产。而使一个人发挥最大能力的方法,是赞赏和鼓励。"

史考伯这样说道:"再也没有比上司的批评更能抹杀一个人的雄心。我从来不批评任何人。我赞成鼓励别人工作。因此我善于称赞,而讨厌挑错。如果我喜欢什么的话,就是我诚于嘉许、宽于称道。"

所以,赞美的话都应该说出来,让对方知道。如果你以为赞美的话只埋在心里就行了,那就大错特错了。适当的赞美能够令对方感到高兴,但有的人却不知道究竟该如何赞美对方,实际上只要你愿意并留心观察,对方处处都有值得赞美的地方,适时说出来,会产生意想不到的效果。

此外,如果别人都没注意到的地方,你注意到了,并恰如其分地将其欣赏表达出来,这怎能不让人怦然心动呢?因此,我们在对陌生人加以赞美时,如果能悉心挖掘那些鲜为人赞的地方,并适时地表达出来,对方会非常开心,就算对方是陌生人也会很快就变得熟络起来。

不过,虽然真诚的赞美很容易打动对方的心,但是,有时候直接的赞美却有可能引起对方的警觉,令其存有戒心,觉得你是因为有所企图才这样阿谀逢迎、溜须拍马。所以,"借"他人之口进行赞美的确是一种很好的方法。例如说:"别人都说你……故我今天特来请教。"意思就不是你一个人的评价了,而是大家的评价,无形之中扩大了被赞美者的声誉,效果更佳。另外,在赞美别人之前,我们还需要做一番调查,比如对方的优点和长处,还要熟悉对方的爱好、志趣、品格等，这样才能避免泛泛而谈或者无话可说。

 **揣摩他人心意的安平侯——善于倾听**

> 如果独自一人时自言自语是一种愚蠢，那么在别人面前倾听自己的声音更是双倍的不智。
>
> ——（西班牙）格拉西安

会说话的人都会倾听。学会倾听，不仅是对他人的尊重，还可以更好地注意到他人的言谈神色，判断出他人的心理活动，说话的时候就可以有的放矢。正所谓知己知彼，战无不胜。

汉高祖刘邦消灭项羽，平定了天下后，对群臣论功行赏。然而，群臣彼此争功，吵了一年都无法确定。刘邦认为萧何功劳最大，就封萧何为先锞侯，封地也最多。但是群臣心中不服，议论纷纷。在封赏勉强确定之后，对席位的高低先后又起了争议，大家都说平阳侯曹参身受创伤七十余处，而且攻城略地，功劳最大，应当排他第一。刘邦因为在封赏的时候已经委屈了一些功臣，多封了许多给萧何，所以在席位上难以再坚持，但心中还是想将萧何排在首位。

这时候关内侯鄂君已经揣摩出刘邦的意图，就挺身上前说道："群臣的决议都错了！曹参虽然有攻城略地的功劳，但这只是一时之功。皇上与楚霸王对抗五年，常常丢掉部队四处逃跑。而萧何却源源不断地从关中派兵员填补战线上的漏洞。楚、汉在荥阳

对抗了好几年,军中缺粮,都靠萧何转运粮食补给关中,粮饷才不至于匮乏。再说皇上有好几次逃到山东,都是靠萧何保全关中,才能接济皇上,这才是万世之功。如今即使少了一百个曹参,对汉朝有什么影响?我们汉朝也不必靠他来保全!为什么你们认为一时之功高过万世之功呢?我主张萧何第一,曹参其次。"刘邦听了,当然说:"好。"于是下令萧何排在第一,可以带剑入殿,上朝时也不必急行。

　　后来刘邦说:"吾听说推荐贤人,应当给予最高的奖赏。萧何虽然功劳最高,但因听了鄂君的话,才得以更加明确。"刘邦没什么文化,在分封诸侯的时候,将一些从前跟着他出生入死、身经百战的功臣比喻为"功狗",而将发号施令、筹谋策划的萧何比喻为"功人",所以萧何的封赏最多。

明眼人一看就知道刘邦宠幸萧何，所以安排入朝的席位上，刘邦虽然表面上不再坚持萧何应排在第一，但鄂君早已揣摩出他的心意，于是顺水推舟，专拣好听的话讲，刘邦自然高兴。鄂君也因此多了一些封地，被改封为"安平侯"。

经理与科长的差距——转换立场

我们每个人都是平等的，你只有用爱来交换爱，用信任来交换信任。

——（德国）马克思

诸多实践证明，当你希望获取他人的信任时，不妨让对方充分说出他的意见，而你则在认真倾听的同时，随时保持询问对方意见的风度，以尽力从对方的角度去思考问题，这样可避免许多不必要的冲突，使取信于人变得更加容易。

张磊是一家电气公司的一位科长，他一向知人善任，并且每当推行一项计划时，总是不遗余力地率先做榜样，将最困难的工作揽在自己的身上，等到一切都上了轨道之后，才将工作交给下属，而自己退居幕后。虽然，他这种处理事情的方法很好，但他太喜欢为他人表率，所以常常让人觉得他太骄傲了。

最近不知怎么搞的，一向神采奕奕的张磊显得无精打采。原来最近的经济极不景气，资金周转不灵，再加上预算又被削减，使得科里的业务差点停顿。

这种情形若继续下去，后果一定不堪设想。于是张磊实施了一套新方案，并且鼓励职工："好好干吧！成功之后一定不会亏待你们的。"没想到眼看就要达到目标，却还是功亏一篑，也难怪他会意志消沉了。

平日对张磊极为照顾的经理看到这些情形后，对他说："你最近看起来总是无精打采的，失败的挫折感我当然能够了解。我觉得你之所以会失败，是因为你只是一味地注意该如何实现目标，而忽略了人际关系这种软体的工程。如果你能多方考虑，并多为他人着想，问题就一定能够迎刃而解。"

经理停顿了一下，又接着说："大丈夫要能屈能伸，才能成为一个好的管理人员。我觉得你就是太急切了，又总喜欢为职工做表率，而完全不考虑他们的立场，认为他们一定能如你所愿地完成工作，结果倒给了职工极大的心理压力。大概也就是因为这个缘故，所以大家都说你虽能干，但你的部属都很为难。每个人都知道工作的重要性，所以你大可不必再给他们施加压力。你好好休息几天，让精神恢复过来，至于工作方面，我会帮助你的。"

要想获得别人的信任和体谅，并不是只靠热情与诚意便可取得成功的。或许你原本对自己的能力极有信心，但往往会因过分能干或热心，而给别人带来跟不上的感觉，自己也会有挫折感。这一切都是因为没有站在他人的立场，为他人着想。

信任是一种连接人与人之间的纽带。我们应当学会让自己表达出对他人的信任,善于将信任的感情传递给他人。这样也是赢得他人信任的基础。

柯伦泰的忠诚和才干——红白脸战略

只知道刚的人,难免会被折断;只有柔的人,到头来终是懦夫。
——谚 语

1923年,苏联国内食品短缺,苏联驻挪威全权贸易代表柯伦泰奉命与挪威商人洽谈购买鲱鱼。

当时,挪威商人非常了解苏联的情况,想借此机会大捞一把,他们提出了一个高得惊人的价格。柯伦泰竭力进行讨价还价,但双方的差距还是很大,谈判一时陷入了僵局。柯伦泰心急如焚,怎样才能打破僵局,以较低的价格成交呢?低声下气是没有用的,而态度强硬更会使谈判破裂。她冥思苦想终于想出了一个办法。

当她再一次与挪威商人谈判时,柯伦泰十分痛快地说:"目前我们国家非常需要这些食品,好吧,就按你们提出的价格成交。如果我们政府不批准这个价格的话,我就用自己的薪金来补偿。"

挪威商人一时竟呆住了。

柯伦泰又说:"不过,我的薪金有限,这笔差额要分期支付,可能要一辈子。如果你们同意的话,就签约吧!"

挪威商人们被感动了,经过一番商议后,他们同意降低鲱鱼的价格,按柯伦泰的出价签订了协议。

柯伦泰的忠诚和才干,特别是她在谈判处于不利的形势下采取"红白脸"的技巧,赢得了谈判的成功,以合适的价格购得了人们需要的食品,得到了政府和人民的赞扬。

可见,一味地用和气、温柔的语调讲话,一个劲儿地谦虚、客气、退让,有时并不能让对方信赖、尊敬及让步,反而会使一些人误认为你必须依附于他,或认为你是个软弱的谈判对手。相反,如果你一开始就以较强硬的态度出现,从面部表情到言谈举止,都表现得高傲、不可战胜、一步也不退让,那么留给对方的将是极不好的印象。这样,会使对方对你的谈判诚意持有异议,而失去对你的信赖和尊敬。

正确的做法应当是红脸与白脸配合出现,即软硬兼施。强硬会使对方看到你的决心和力量,温柔则可使对方看到你的诚意,从而可以增强信任和友谊。这种方法通常还可以由两个人来实行。

在谈判中，本方由一个成员扮演强硬派角色，坚持提出较高的要求，不轻易退却，努力捍卫本方的利益。由另一位成员扮演合作者角色，他在开始时并不马上参与意见，而是保持沉默，既维护好与对手的关系，又不损害本方强硬人物的"面子"。他要善于观察谈判形势的发展变化，适时地参与进来提出建议或做出某些让步。这也就是我们俗称的"红白脸"策略。

不过，在运用红白脸策略时，对以下几点要领应注意把握。

1. 从红脸、白脸的角色分配来看，两种角色的分配应和本人的性格特征基本相符，即扮"红脸"者应态度温和、经验丰富、处事圆融、言语平缓、性格沉稳；而扮"白脸"的人则应雷厉风行、反应迅速、善抓时机、敢于进攻、言语有力。如果让性格特征不相称的人去扮演这种角色，就会出现强硬派硬不上去，而红脸反倒硬了起来，结果导致希望和实际效果不符，反倒使对方有机可乘。

2. 两种角色一定要注意相互配合，看准时机，把握火候，在"白脸"发动强攻时，"红脸"就要充分注意对方的反应。如果对方以牙还牙，以硬对硬，"红脸"就要在适当时候出面调停，让"白脸"有台阶下，否则，"白脸"收不了场，而"红脸"又不及时出面，就可能使谈判僵持、暂停或是破裂。

3. 在使用红白脸策略时，要求担任"白脸"角色的人既要善于进攻，但又必须言之有理，讲究礼节，不肯轻易让步而不是胡搅蛮缠。而"红脸"也不能过于软弱，要掌握好分寸，既要掌握

好让步的分寸,也要适度使用语言。

4.从角色的分工来看,"红脸"一般由主谈人来充当,"白脸"由助手来充当,因为从红白脸策略的整体特点来看,"红脸"掌握着让步的分寸,总揽全局,而且从心理学角度来讲,"红脸"的观点也易为对方所接受,所以这样分工比较合适。

 被一块面包打动的德国兵——互惠互利

商人之间友情的基础是利益上的互惠,挚友之间友情的基础是心灵上的互惠。

——汪国真

在第一次世界大战中,有一种德国特种兵的任务是,深入敌后去抓俘虏回来审讯。

当时打的是堑壕战,大队人马要想穿过两军对垒前沿的无人区,是十分困难的。但是一个士兵悄悄爬过去,溜进敌人的战壕,相对来说就比较容易了。参战双方都有这方面的特种兵,经常派去抓一个敌军的士兵,带回来审讯。

有一个德军特种兵,以前曾多次成功地完成这样的任务,这次他又出发了。他很熟练地穿过两军之间的地域,出乎意料地出现在敌军战壕中。

一个落单的士兵正在吃东西,毫无戒备,一下子就被缴了械。他手中还举着刚才正在吃的面包,这时,他本能地把一些面包

递给对面突然而降的敌人。这也许是他一生中做得最正确的一件事了。

面前的德国兵忽然被这个举动打动了，并导致了他奇特的行为——他没有俘虏这个敌军士兵回去，而是自己回去了，虽然他知道回去后上司会大发雷霆。

这个德国兵为什么这么容易就被一块面包打动了呢？人一般有一种心理，就是得到别人的好处或好意后就想要回报对方。虽然德国兵从对手那里得到的只是一块面包，或者他根本没有要那个面包，但是他感受到了对方对他的一种善意，即使这善意中包含着一种恳求。但这毕竟是一种善意，是很自然地表达出来的，在一瞬间打动了他。他在心里觉得，无论如何不能把一个对自己好的人当俘虏抓回去。

其实，这个德国兵不知不觉地受到了心理学上"互惠原理"的左右。这种得到对方的恩惠就一定要报答的心理，就是"互惠原理"，这是人类社会中根深蒂固的一个行为准则。

著名的考古学家理查德·李凯认为，人类之所以成为人类，互惠原理功不可没。他说："我们人类社会能发展成为今天的样子，是因为我们的祖先学会了在一个以名誉作担保的义务偿还网中，分享他们的食物和技能。"正是由于有了这样一张网，才会有劳动的分工和不同商品的交换。互相交换服务使人们得以发展自己在某一方面的技能，成为这方面的专家和能手，也使得许多互相依赖的个体得以结合成一个高效率的社会单元，从而推动了社会的进步。

互惠原理是人类社会永恒的法则，它是各种交易和交往得以存在的基础。我国古代讲究的礼尚往来，就是互惠原理的一种表现。人与人之间的互动就如坐跷跷板一样，不能永远固定某一端高、另一端低，就是要高低交替。一个永远不肯吃亏、不肯让步、不与别人互惠的人，即使暂时赢了，从长远来看，他一定是输家，因为没有人愿和他玩下去了。

互惠原理是与人持续良好交往的保证，是不可缺少的一门艺术。所以，如果一个人帮了我们一次忙，我们也应该帮他一次；如果一个人送了我们一件生日礼物，我们也应该记住他的生日，届时也给他买一件礼品；如果一对夫妇邀请我们参加了一个聚会，我们也一定要记得邀请他们到我们的聚会上来……

第四章
我们的身体在"说话"

 皇后与妃子的不同命运——表情

一个人,他心灵的每一个活动都表现在他的脸上,刻画得非常清晰和明显。

——(法国)狄德罗

俗话说:"出门看天色,进门看脸色。"无论做什么事、对什么人,只有先察言观色一番,了解对方的心思后,再付诸行动,才能做到万无一失。

中国民间就有这样的说法,老人总是告诫小孩子要学会"看眼色",也就是从对方的神态表情和其他身体语言中探知对方的心,从而做出一些顺从对方的事情,或者避免做出一些让对方不满意的事情。

关于"看人脸色",有一个关于康熙皇帝的故事。

据说康熙皇帝到了晚年,由于年纪大了,便有了一个怪脾气——忌讳人家说老。左右的臣子们都知道他这个心思,一般情况下都尽量避免说"老"。

有一次,康熙率领一群皇妃去垂钓,不一会儿,渔竿一动,

他连忙举起钓竿，只见钩上钓着一只老鳖，心中好不喜欢。谁知刚刚拉出水面，只听"扑通"一声，鳖却脱钩掉到水里跑掉了。康熙长吁短叹，连叫可惜，在康熙身旁陪同的皇后见状连忙安慰说："看样子这是只老鳖，老得没牙了，所以衔不住钩子了。"

话音没落，旁边另一个年轻的妃子却忍不住大笑起来，而且一边笑一边不住地看康熙。康熙见了不由得脸涨得通红，他认为皇后是言者无心，而那妃子则是笑者有意，是含沙射影，笑他没有牙齿，老而无用了，于是将那妃子打入冷宫。

为什么皇后在说话时明显说到"老"字，康熙并没有怪罪她，而妃子只是笑了笑，康熙却怪罪她呢？康熙不服老，忌讳别人说他老，一旦有人涉及这个话题，心理上就承受不了。但由于皇后与妃子同康熙的感情距离不同，他对二人的态度也不同。皇后说的话，仔细推敲一下，有显义和隐义两个意义，显义是字面上的意义，因为康熙与皇后的感情距离较近，他产生的是积极联想，所以他只是从字面上去理解，知道皇后是好心的安慰。妃子虽然没有说话，只是笑了一笑，但她是在皇后所说的话的基础上故意引申，是把那只逃掉了的老鳖比作皇上，是对皇上的不敬。

所以，同样的问题，同样的环境，由于不同的人有不同的理解，便会有不同的结果。正所谓"说者无心，听者有意"，实际上究其原因，还是那个妃子没有用心去观察皇帝脸色的缘故。

那么，怎么看人的脸色呢？其实很简单，通过对方的表情，我们就可以得知对方的心理。根据心理学家评估，人的表情非常丰富，大约有25万种。所以，表情能全方位地表现人们的心情不足为奇。问题是，面对如此丰富的表情，要去辨别该从何着手？

1. 表情变化的时间

观察表情变化时间的长短是一种辨别情绪的方法。每个表情都有起始时间（表情开始时所花的时间）、表情停顿的时间和消逝时间（表情消失时所花的时间）。通常，表情的起始时间和消逝时间难以找到固定的标准，例如，一个惊讶的表情如果是真的，那么它完成的时间可能不到1秒钟。所以，判断一个表情持续的时间更容易一些。因为通常的自然表情，并不会那么短暂，有的甚至能持续4～5秒钟。不过，停顿的时间过长，表情就可能是假的。还有，超过了10秒钟的表情（除了那些感情极其强烈的情绪感受），就不一定是真实表现了，因为人类脸上的面部神经非常发达，即使是非常激动的情绪，也难以维持很久。于是，要判断一个人的情绪真假，从细微的表情中也能发现痕迹，需要人们不断地进行细微的观察。

2. 变化的面部颜色

通常，人的面部颜色会随着内心的转变而变化，这样，表情就有不同的意义了。因为面部的变化是由自主神经系统造成的，是难以控制和掩饰的。在生活中，面部变化常见是变红或者变白。红色表示害羞或者尴尬，而通红则表示愤怒；如果是变白，就表示痛苦、压力、惊惧等。所以，上述故事中乾隆皇脸涨得通红是由于极度愤怒，那名妃子不知惹怒了他，被打入冷宫也就不足为奇了。

所以，我们在日常交际中也要仔细观察对方的脸色，千万不可触及雷区，否则很有可能导致交往失败。

一双"死鱼般"的手——握手

万人丛中一握手,使我衣袖三年香。

——龚自珍

在某公司的一次宴会上,经理对秘书说:"我不想和那个客户做生意,他是我见过的握手最无力的人,他的手冷冰冰的,我们之前握过几次手,可是他的手一次比一次冰冷,他让我觉得仿佛握着一条死鱼,我现在对他这个人充满怀疑,因为双手冰冷、握手软弱无力的人缺乏活力,缺乏真诚。接下来的宴会多注意他,不要让他给今天的客人带来不快。"秘书听后,立即找了几个人绊住了那位客人,一直到宴会结束他都没法脱身,更别说与现场其他人交流合作了。

事实上,用力握手是一门学问,握手愈用力愈可以给对方留下深刻的印象。反过来说，若是对方用力地握你的手，你就会下意识地用力握下去。握手，按字面理解为手与手的结合，也是一种心与心的沟通，即人们能够从中感到一种强烈的连带关系。握手可以表现出一个人是否饱含真诚。真诚的人握着你的手的时候是暖暖的，虽然他的手的实际温度或许并不高，但他的真诚通过两只手热情地传递出来，让人对他产生一种信赖和好感。

既然握手的学问如此之多又如此重要，那么在宴会上，我们行握手礼时应该注意哪些事项呢？

1. 握手要专心致志

当你和别人握手的时候，一定要认真地看着对方，面带笑容，必要时寒暄两句，切忌默默无语。

2. 握手停留的时间和力度

一般来说，两个人握手应该停留的时间为 3～5 秒，稍微握一握，再晃一晃，稍许用力，握力在两千克左右最佳。

3. 伸手的前后顺序

如果说介绍双方时，先介绍地位低的，地位高的人先伸手；男士和女士握手，女士先伸手；长辈和晚辈握手，长辈先伸手；上级和下级握手，上级先伸手。实际上这主要是表示前者对后者的接纳。

如果客人和主人握手，客人到来时，一般主人先伸手，表示欢迎，而客人离开的时候，一般是客人先伸手，意为让主人留步。

4. 握手的 6 个避讳

（1）忌目光游移。握手时精神不集中，四处顾盼，心不在焉。

（2）忌交叉握手。当两人正握手时，跑上去与正握手的人相握，是失礼的。

（3）忌敷衍了事。握手时漫不经心地应付对方。

（4）忌该先伸手不伸手。

（5）忌出手时慢慢吞吞。对方伸出手后，我们自己也应迅速伸出手相握，不应慢慢吞吞。

（6）忌握手时戴着手套或不戴手套与人握手后用手巾擦手，那会让别人误以为你觉得对方的手脏，是很失礼的。

熊抱过后——拥抱

人就像藤萝，他的生存靠别的东西支持，他拥抱别人，就从拥抱中得到了力量。

——（英国）蒲柏

拥抱之礼来源于西方，流行于中国，大约有百年之久。拥抱之礼一般用在亲密的朋友之间，特别是在久别重逢与洒泪惜别之际。外国不限男女，我国则多数流行于同性朋友之间。男士与男士拥抱，女士与女士拥抱。男女之间仅限于恋人或夫妻之间，兄妹之间都少见此礼。不过随着社会的发展，人们之间的社交往来越来越多，在一些商业宴会上，拥抱也被视为一种表示双方友好亲近的体现。科学家研究表明，拥抱和触摸有利于彼此间的亲近，而且能够简单又明确地表达出彼此间的关爱。可是拥抱和握手不一样,并不是说拥抱得越用力越好,"强抱"只会让别人心生厌烦,甚至觉得你图谋不轨。

庄熊真是人如其名,长得虎背熊腰,留学回来办了个玻璃制品厂,生意不错。为了感谢镇领导的鼎力支持,也为了迎接新的镇长,庄熊在镇上最好的饭馆摆了一桌酒席,请几个领导前来赴宴。领导们都来了,庄熊发现新来的镇长是自己的中学同学,心中一阵激动,上去一个熊抱,嘴里不住地说:"丁文,是你啊,我是庄熊啊,记得不?没想到你当镇长啦!咱们好多年没见了……"庄熊一个劲地"怀旧",完全不顾及昔日的老同学、如今的镇长瘦弱的体格吃不消他的过度"热情",已经快窒息了。只听见镇长勉强从庄熊的胸口发出微弱的声音:"庄熊,我记得你,你放开说话,这样太难看了。"庄熊这才松开了手,接着他发现旁边那个女士是自己小学同桌,又想熊抱过去。只见那位女士微微一闪身,伸出手说:"没错,我是你的小学同桌,不过你那套外国人的礼仪不要用在我的身上,我受不住这个。"庄熊这才醒悟过来,挠挠脑袋,傻笑两声,伸出了自己的手:"别误会,我可绝对没有图谋不轨的意思啊!"

虽然老朋友久别重逢时，拥抱可以热烈一些，但也不必太过热情，以至于达到强抱的地步。庄熊的表现大概是受留学的影响，我们在给予理解的同时，自己也要注意，对于拥抱这种舶来品的礼节一定要掌握力度和分寸，绝对不可强求。否则，强抱对方不仅不会使得彼此更亲近，反而容易造成不必要的误解和尴尬。

其实，拥抱之礼有着其特定的方式。一般来说拥抱礼的方式是双方相对，双臂张开，表示要行拥抱礼，接着右臂高，左臂稍低，两人靠近，上体接触后，双方用右臂拥住对方的左肩背部，左手稍微抱持对方的腰部，有时手可以轻轻地拍一拍对方的背部，头部向左，口称"欢迎""你好"等，然后二人交换一下姿势，向对方右侧再行拥抱礼。

当然，拥抱礼在我国很少用，一般只用在接待外宾的时候，所以，我们必须注意只有当外宾主动表示要行拥抱礼时我们才响应，一般不应采取主动。

 颤腿的小伙子——站姿

> 坏习惯是在不知不觉中形成的。
>
> ——（古罗马）奥维德

姿势一般反映的是个人对自己和他人的看法，站姿也是如此。如果仔细揣摩你就会发现，即使是站立这种简单的动作，也能成为观察一个人的肢体语言。

今天是张强父亲新公司开业的日子,张强代表父亲在饭店大门口接待宾客。20岁的张强打扮得很精神,一身黑色的西服搭配一条银灰色的领带,俨然就是个小绅士。可是张强有个习惯:一紧张腿就抖个不停。从开始迎宾,他的腿就一直在哆嗦,甚至还随着迎宾曲打拍子,节奏感十足,好不惬意的样子。前来的每一个宾客都会不由自主地看他两眼。

这时张强的外婆由舅舅搀扶着进来了,尽管老人家一把年纪了,可是眼里揉不得沙子。

外婆说:"张强啊,今天是你爸新公司开业的重要日子,除了咱们家里的人,来的大多是你爸生意上的朋友,你的接待工作可是相当重要啊!"

张强拉着外婆的手说:"外婆,您就放心吧,我一定做好接待的工作。"

外婆点点头,接着说:"今天你是挺精神的,不过就是有个小毛病需要注意一下。"

张强从头到脚仔细打量了自己一番,说:"哪有什么小毛病啊,我觉得很好啊。"

"是啊,今天你这身衣服很得体,可是你那条腿为什么一直抖个不停呢!你冷啊?"

张强不好意思地说:"呵呵,习惯了,没注意。"

"别抖了,抖得我的心都跟着你抖了,这么多客人进进出出,你往这一站,腿抖个不停,多难看啊,招人家笑话!"外婆严肃地说,"看看你自己,你爸拿你装门面呢,你倒好,迫不及待地显示自己没教养,别人看了,会笑话你爸没把你教好。儿子都没教好,别人还会相信你爸能把手下的人教好,能把公司管理好吗?"听了外婆的训斥,张强面红耳赤,改掉了抖腿的毛病。

在人际交往中,抖腿给人不稳重的感觉,别人会认为你缺乏教养。喜欢抖腿是下意识的一种表现,它不是病也不需要医药来治疗,但是在社交场合一定要避免出现抖腿现象,因为抖腿不仅影响了人的站姿,还使得整个人的形象轻浮。那么,怎么站才是标准的站姿呢?心理学家认为,每个人不同的站姿对其精神和心态都有集中体现。但标准的站姿应该是这样的:两脚并拢,自然站立,不表达任何去留的倾向,但多展现服从的情绪。例如,学校的学生们在跟老师说话时,公司的下级跟上级汇报工作时,常采用这个姿势。

当然,如果你觉得这样的站姿不能足够表达你的自信,还可采取下述的站姿:站立时,挺胸、抬头、两腿分开直立,像一棵松树般挺拔。一般具有这样站姿的人都自信且有魄力，做事雷厉风行，并且往往很有正义感、责任感。

总而言之，站姿很重要，千万不能让一些不好的习惯影响了你的站姿，并进一步影响你的社交活动。

 被看出心理的客人——坐姿

习惯支配着那些不善于思考的人们。

——（英国）华兹华斯

身体语言学家指出，人的身体是一个奇妙的信号发射台，每一个动作都构成丰富多彩的身体语言。而坐姿也是人类身体与外界沟通的一种途径，它反映出一个人的心理动向。

一天，张民应邀参加一场宴会，到达现场的时候，已经来了不少客人。张民入座后，发现同桌的客人都在听一位客人在讲述什么。原来，这位客人是个心理咨询师，正在向大家讲一些心理学方面的趣事，还教大家怎么去看人。

张民也很感兴趣，不过由于来得晚，感觉自己贸然插话显得很不礼貌。于是，他只是坐在那里津津有味地听着。

这时，那位心理咨询师发现了他沉默却又渴望的眼神，然后，笑着说："这位先生，你好，欢迎你加入我们。"张民意识到对方是在跟他说话时，很是惊讶，不过他还是稍稍摇了摇头

拒绝了。

那位心理咨询师看出了张民拘束,没再对他说话,又和其他人聊了起来。饭后休息时,他走过来对张民说:"大家都很友好,都是宴会主人的朋友,不要太拘束啊。"张民说:"是啊,我知道,我就是这样的性格。"心理咨询师又说:"我是个直接的人,说了什么还请不要介意啊。你好像是不太擅长社会交际啊,我能感觉到你刚刚明明是想加入我们的,可是你最终还是选择了放弃。是不好意思吗?"被人看出自己的害羞,张民很压抑,其实,他人高马大,一点都不像个害羞的人,以往别人都会觉得他的不善交际是性格傲慢,从没人将他的态度与害羞联系起来。"你是怎么看出来的呢?"张民很好奇。"你的坐姿告诉我的啊,你看,你从一进来入座就保持两膝盖并在一起,小腿随着脚跟分开呈八字形,两手相对,夹在膝盖中间的坐姿,饭后休息了,又恢复到这个坐姿,可见你是个比较腼腆的人。呵呵,不要介意啊,我的职业病。"

"没关系,你说得很对,我性格比较腼腆。"张民说。

后来,那位心理咨询师又给张民分析了几种坐姿,张民听了觉得受益很多。

上述故事中的心理咨询师就是通过张民的坐姿看出其性格的。坐姿通过有意识或无意识的变化,向外界发送思想、情感信息,从而反映出一个人的心态、个性以及一些观念。

大学毕业前的最后一顿饭——手势

手应该像脸一样富有表情。

——(法国)德拉克洛瓦

为了沟通、交流,更好地表达自己的意思,人们常常会利用手来做辅助。因为很多时候仅依靠嘴来进行交流显得力不从心,所以社会交往中,手势已经成为其中重要的一部分。同时,这些手势除了表面的含义外,还隐含了更多的意思。

行为学家曾形象地比喻说:"手势是人的第二张唇舌。"人们的种种心理通过千姿百态的手势体现出来,有时手势甚至比言语更能传达说话者的心思。

很快就要大学毕业了,毕业后,大家就各奔东西、各奔前程。面对即将离别的现实,虽然大家都很感伤,在饭桌上却没有表现出来。这时班长站了起来,只见他左手端着酒杯,右手食指一个一个指着在座的同学诉说着四年来的点点滴滴。

正当班长说到兴头上时,一位平常不怎么说话的同学站了起来。他说:"班长,四年了,你对大家一直照顾有加,大家不会忘记你的。希望在不久的将来你能事业有成。"

班长指着他说:"谢谢啊,承你贵言啊!这四年来,大大小小的会从没见你发过言,这回竟然主动发言,真是不容易啊!"

那位同学说:"既然班长这么说,那我今天就多说两句。班长,这几年我一直想找你说点事,这样吧,今天是咱们的散伙饭,我给大家讲个故事,缓和一下离别在即的伤感情绪。我不会说话,说得不好的地方还请大家见谅。话说苏东坡某日去拜访好友佛印,问佛印看他像什么,佛印说像一尊佛。苏东坡又问:'你可知我看你像什么?'佛印不知。苏东坡说:'我看你像一堆屎!'说罢哈哈大笑。回家后苏东坡得意地向苏小妹提起此事,以为自己占了很大的便宜,苏小妹说:'哥哥你错了。佛家说,佛心自现,你看别人是什么,就表明你看自己是什么。'故事并不算长,但是寓意是一目了然的。他人是我们的另一面镜子,让我们可以反观自我,时时处处检验自己的言行举止。善良的人看到的是别人的善良和优点,心胸狭窄的人看到的是别人的小肚鸡肠,宽容的人看到的是广博的世界。佛心自现,他人是另一个自我。记住,当你用手指着别人时,有3个手指是指向自己的。这就是我要给大家讲的故事,希望这个故事对大家以后的生活有所帮助。"

这位同学坐下后,班长明白了他在故事中隐含了一直想对自己说的话,于是将酒杯换到右手上,放下了自己的左手。

现实生活中,有些人说话时喜欢像案例中的班长那样以手比画应景,这是没有礼貌的行为,尤其在宴会中,这样的表现体现出了对别人的不尊重,会严重影响对方的情绪。

所以,我们在日常生活中一定要注意手势的运用。到底怎么运用手势才是正确的呢?主要有以下几个注意点:

1. 正面面对他人,竖起大拇指

这个手势表示对他人的称赞,表示"好""很棒""第一""厉害"的意思。在生活中,我们在真诚地赞赏他人时,还应当配

合其他非语言的信号，例如，面带微笑，能更好地传达自己的意思。

2. 食指弯曲与拇指接触呈圆形，其余三指张开

这个手势是从美国开始频繁被使用的，表示"OK""很好"的意思。它是我们经常使用的手势。但在不同国家，这个姿势有着不同的含义。例如，在日本，这个姿势表示金钱的意思。

3. 伸出食指与中指，其他手指蜷曲

这个手势在手心向外的时候，表示"胜利"。而在受到英国文化渲染的地区，它也常常用于表示"举起双手或者抬起头"。但这个手势变成手心向内的时候，就是一种侮辱性的表达，近似于"去你的"。不过，欧洲的某些地方，手心向内的手势，没有其他含义，仅仅表示数字"2"。

4. 翘起食指和小指，其他三个手指握在一起

这个手势在美国有两种说法，一说指长角美式足球队，因为小布什很喜欢得克萨斯州的长角美式足球队，而常使用这个姿势表示喜爱和支持。另一说指的是摇滚音乐迷的手势，指"继续摇滚"的意思，而得克萨斯大学运动队的啦啦队习惯用这一手势为队员加油，以表示"出色、极好"。有时，在美国,若要称赞某人很棒时，你也可以使用这个手势。

5. 紧握手指，呈拳头状

紧握的拳头，在人们面前是一种力量的体现。这一衍生于搏斗的姿势，可以用于进攻与防守。如果在生活中运用这种手势，则是在向他人表示："我是有力量的。""我不怕你，要不要尝尝我拳头的滋味?"是一种示威和挑衅的动作。

6. 其他手势

除了上面这些以外,还有很多手势,例如,亲吻手指指尖,即飞吻,表示对对方的爱慕;竖起小指表示轻蔑;竖起中指则有侮辱的含义;伸出一个手指指向别人有命令和轻蔑的意思等。

 蕨菜和它的小花朋友——距离

> 君子之交淡若水,小人之交甘若醴;君子淡以亲,小人甘以绝。
> ——庄 周

蕨菜和离它不远的一朵无名小花是好朋友。每天天一亮,蕨菜和无名小花就扯着嗓子互致问候。日子久了,它们都把对方当成自己最知心的朋友。同时,它俩发现,由于相距较远,每天扯着嗓子说话很不方便,便决定互相向对方靠拢,它们认为彼此之间距离越近,就越容易交流,感情也越深。于是,蕨菜拼命地扩散自己的枝叶,它蓬勃地生长,舒展的枝叶像一把大伞,无名小花则尽量向蕨菜的方向倾斜自己的茎枝,它俩的距离越来越近了。

可是,不久,出人意料的事情发生了:由于蕨菜的枝叶像一柄张开的大伞,它不仅遮住了无名小花的阳光,也挡住了它的雨露。失去阳光和雨露滋润的无名小花日渐枯萎,它在伤心之余,不再与蕨菜共叙友情,相反,认为是蕨菜动机不良,故意谋害自己,便在心里痛恨起蕨菜来。蕨菜呢,由于枝叶过于茂盛,一次狂风

暴雨后,它的枝叶被折断了许多,身子光秃秃的。看着遍体鳞伤的自己,蕨菜把这一切后果都归咎于无名小花,如果没有无名小花,它也绝不会恣意让自己的枝叶疯长的。于是,一对好朋友便反目成仇了。

其实,距离是人际关系的自然属性,亲密的两个朋友也不例外。你们成为好朋友,只说明你们在某些方面具有共同的目标、爱好或见解,但并不能说明你们之间是毫无间隙,可以融为一体的。过于亲近有时会被刺伤，过于疏远又感受不到友情的温暖，只有把握好相处的距离，才能让友谊之树常青。

交朋友要注意距离，与陌生人或者不熟的人相处更要注意距离。既然如此，我们该怎样区分不同的对象，把握彼此间的距离度和个人空间呢？心理学认为，人与人相处的过程中，由于关系不同，个人空间尺度是不一样的，具体可分为以下几种：

1. 亲密距离

这个交际距离若经过量化大致是0～45厘米。由于这种距离会引起人们之间的身体接触，所以通常只在极亲密的人间使用，如情侣、父母等。其他人若进入这个区域或碰触自己的身体，将会产生被侵犯的感觉。例如，被医生触摸身体，在公车上人与人之间的碰撞等。

2. 私人距离

在非正式的交谈场合，如和友人聚合、亲朋聚餐时，人们会保持此距离，大约为45～120厘米。通常这种距离在熟悉的人之间使用，显得双方既亲切又不过分亲密。

3. 社交距离

在与陌生人打交道时，例如，在社会交谈和商贸谈判中，人们会使用这个距离，经过量化是2～3.6米（普通的商务活动和业务洽谈等不属于这个范围）。这一距离既能促进双方交谈，又不会有侵犯和不礼貌的嫌疑。

4. 公共距离

当我们需要在众人面前演讲或发言时，使用的基本是这个距离，为 3.6 米以上。所以，它主要适合于和一大批人打交道的时候。在这一距离疏远的情况下，演讲者或发言者才会感到舒服，有畅所欲言的愿望。

所以，我们在与人相处的时候一定要对距离问题引起重视，与不同的人保持不同的距离，千万不能贸然地闯入别人的个人空间，那样不仅无助于社交成功，还可能招致别人的反感和厌恶，实在是得不偿失。

第五章

让人成为人

 给孩子更大的空间——鱼缸法则

打开笼门,让鸟儿飞走,把自由还给鸟笼。

——(美国)非马

走进美国超大公司纽约总部,首先映入眼帘的是办公室门口摆着的一个漂亮的鱼缸。鱼缸里十几条产自热带的杂交鱼开心地嬉戏着,它们长约三寸,脊背一片红色,头尤其大,长得很是漂亮。进进出出的人几乎都会因为这些美丽的鱼而驻足停留。两年过去了,小鱼们的个头似乎没有什么变化,依旧三寸长,在小小的鱼缸里游刃有余地游来游去。

这一天,公司总裁的顽皮儿子来找父亲,看到这些长相奇特的小鱼,很好奇,于是非常兴奋地试图去抓出一只来。慌乱中,鱼缸被他推倒在地,碎了,鱼缸里的水四处横流,十几条热带鱼

可怜巴巴地趴在地上苟延残喘。

办公室的人急忙把它们捡起来,但是鱼缸碎了,把它们安置在哪儿呢?人们四处张望,发现只有院子中的喷泉可以做它们暂时的容身之所。于是,人们把那十几条鱼放了进去。

两个月后,一个新的鱼缸被抬了回来。人们纷纷跑到喷泉边捞那些漂亮的小鱼。十几条鱼都被捞起来了,但令他们惊讶的是,仅仅两个月的时间,那些鱼竟然都由三寸长疯长到了一尺。

对于鱼的突然长大,人们七嘴八舌,众说纷纭。有的说可能是因为喷泉的水是活水,最有利于鱼的生长;有的说喷泉里可能含有某种矿物质,是它促进了鱼的生长;也有的说那些鱼可能是吃了什么特殊的食物。但无论如何,都有共同的前提,那就是喷泉要比鱼缸大得多。

养在鱼缸中的热带鱼,三寸长,不管养多长时间,始终不见金鱼生长。然而将这种鱼放到水池中,两个月的时间,原本三寸的鱼可以长到一尺。后来人们把这种由于给鱼更大的空间而带来更快成长的现象称为"鱼缸法则"。

其实教育孩子和养鱼是同样的道理,孩子的成长也需要足够的自由空间。而父母的保护就像鱼缸一样,孩子在父母的鱼缸中永远难以长成大鱼。要想孩子健康强壮地成长,一定要给孩子自由活动的空间,而不让他们拘泥于一个小小的"鱼缸"。

随着孩子的成长,父母应该给孩子越来越多的自由来控制自己的生活。父母必须有意识地要求自己,甚至是克制自己,不要

有那种什么事都为孩子做的想法和冲动,给孩子充分的空间,让孩子早日走出"鱼缸",回归大海,学会自己的生存方式。

作为父母,应该除掉多余的担心,让孩子自己去体验各种各样的经历。每个孩子都有自己的选择,都有自己的想法,都有自己的定位,每个孩子的世界都是一个相对独立的世界。对生活的环境,孩子们已经逐渐形成了自身的一套处事方式,家长不要过于强求孩子做不愿做的事情。如果父母用命令的方式强制性地要求孩子什么可以做、什么不可以做,会让孩子陷入无奈的境地,导致他们更多的反抗。相反,如果父母在自己的要求中带有尊重,维护孩子的自主性,给孩子一定的自由,孩子对父母的反抗就会少一些。何乐而不为呢?

所以,父母最应该做的是:打开笼门,把自由还给"鸟儿"和"鸟笼"。也许当你打开笼门,鸟儿反倒愿意回来了。因为敞开的鸟笼已不再是牢房,而成了一个温暖的窝。

有梦想就有动力——目标效应

我宁可做人类中有梦想和完成梦想愿望的、最渺小的人,而不愿做一个最伟大的无梦想、无愿望的人。

——(黎巴嫩)纪伯伦

在很多年前,有一位穷苦的牧羊人带着两个年幼的儿子,靠给别人放羊来维持生计。一天,他带着两个儿子赶着羊来到一个山坡。这时,从他们的头顶飞过一群大雁,并且很快从自己的视野中消失了。

"大雁要飞往哪里呢,爸爸?"牧羊人的小儿子问他的父亲。

牧羊人回答说:"寒冷的冬天马上就要来到,它们将要飞往一个温暖的地方安家,等到来年天气暖和了,它们还是会飞回来的。"

"要是我们也能像大雁一样飞起来就好了,那我就要比大雁飞得还要高,去天堂看妈妈。"他的大儿子眨着眼睛羡慕地说。

"做个会飞的大雁多好啊!可以飞到自己想去的地方,那样就不用放羊了。"小儿子也对父亲说。

牧羊人沉默了一下,然后对儿子们说:"如果你们想,你们也会飞起来的。"

两个儿子试了试,并没有飞起来。他们用疑惑的眼神看着父亲。

牧羊人说:"看看我是怎么飞的吧。"于是他张开双臂,飞了两下,可是也没飞起来。可是,牧羊人转过身肯定地对儿子们说:"可能是因为我的年纪大了才飞不起来,你们还小,只要不断努力,就一定能飞起来,去你们想去的地方。"

儿子们牢记着父亲的话,在以后的日子里一直不断地努力。等他们长大以后终于飞起来了,他们就是美国的莱特兄弟,他们发明了飞机。

人类最可贵的本能就是对未来充满幻想。一个真爱孩子的父母应当精心保护孩子的梦想,让梦想的种子长成参天大树。如果

父母能及时正确地引导,梦想就是孩子未来的目标,就是孩子不懈奋斗的动力。

孩子天生都有梦想。当孩子有梦想时,父母应为此感到高兴,并且应及时给予肯定、鼓励,因为这正说明了他们对客观世界已经产生了强烈的兴趣和旺盛的求知欲,说明了他们将来可能会成为有出息的人。一个人心中拥有了梦想就会在希望中生活,投入他们全部的努力,并不断地创造奇迹。

许多看似不切实际的梦想其实都可以实现,这是因为梦想会使人产生激情,最大限度地激发人的潜能,从而实现自己的梦想。

当然,对于孩子来说,并不是所有的梦想都能实现,我们也不能奢望所有的梦想都能变为现实,梦想只是前进的动力和方向。因此,当听到孩子讲出自己的梦想时,父母不必轻率地嘲笑,不要去说那是不切实际的"好高骛远"。常常听到一些父母带着不屑的表情说:"就你那水平、那智力,还想未来当科学家呀?"这样的父母粉碎了孩子的憧憬,也粉碎了孩子的未来,是不合格的父母。

梦想就像人体成长所需要的微量元素与氨基酸,缺少它,大脑的营养就跟不上,思维就会变迟钝。父母要学会给孩子以梦想,让孩子在无数个梦想中充分发挥想象力与创造力。

梦想是孩子前进的指路明灯,是鼓舞孩子奋斗的风帆,是孩子取得成功的基石。当孩子心中有了梦想,他们就会为了梦想的实现而积极主动地学习,矢志不渝地奋斗不息。

对于孩子来说,目标是学习的动力。教育孩子确立自己的奋斗目标，是培养孩子上进心的重要手段，是帮助孩子成才的必经之路。父母为子女所设的目标，既不能太低，也不能太高。如果太容易达到，就不容易形成动力；如果太难达到，就会让人望而却步。只有合适的目标才对孩子有吸引力。所以，父母从小就要引导孩子的梦想，送给孩子美丽的憧憬，送给孩子一个个热爱生活的梦想。只有这样，才能促使孩子积极地调动全身的潜能，主动地求知探索。对于孩子来说，一旦有了梦想，就有了勤奋学习的动力，而且这种动力是持久的。

梦想还是改变孩子后进的一个很好方法。绝大部分后进孩子落后的原因，不是智力低下，而是缺少自我约束的能力，没有稳定的方向。引导孩子的梦想，就是帮助孩子确定一个方向，使他们学会自己管理自己、自己约束自己、自己成就自己。那么即便到最后梦想没有完全实现，孩子的人生也会因为不断的拼搏奋斗而变得充实和有意义。

 安徒生的童年——重视环境影响

每个正常的婴儿，出生时都具有像莎士比亚、莫扎特、爱迪生、爱因斯坦那样的潜能，聪明和愚笨都是环境的产物。

——（美国）葛兰·道门

安徒生小时候是在丹麦一个叫奥塞登的小镇上度过的，他家境贫困，父亲只是个穷鞋匠，母亲是个洗衣妇，祖母有时还要去

讨饭来补贴生活。他们的周围住着很多地主和贵族，因为富有，这些人便觉得自己高人一等，他们讨厌穷人，不允许自己家的孩子与安徒生一块儿玩耍。安徒生的童年孤独而寂寞。

父亲担心这样的环境会对安徒生的成长不利，但是他从来没在孩子面前流露出自己的这种焦虑，反而轻松地跟安徒生说："孩子，爸爸来陪你玩吧！"父亲陪儿子做各种游戏，闲暇时还讲《一千零一夜》等故事给他听。

虽然童年没有玩伴，但有了父亲的陪伴，安徒生的内心世界也充满了阳光和快乐。

除了家庭环境会对孩子产生潜移默化的影响以外，孩子的成长还会受到周围环境的影响，因此父母要留意孩子身边都是些什么样的人。古代"孟母三迁"的故事讲述了孟子的母亲三次搬家，正是为了给孟子选择一个良好的环境。

孟子小的时候，父亲早早地死了，母亲守节没有改嫁。一开始，他们住在墓地旁边。孟子就和邻居的小孩一起学着大人跪拜、哭号的样子，玩起办理丧事的游戏。孟子的母亲看到了，就皱起眉头："不行！我不能让我的孩子住在这里了！"孟子的母亲就带着孟子搬到市集，靠近杀猪宰羊的地方住。到了市集，孟子又和邻居的小孩学起商人做生意和屠宰猪羊的事。孟子的母亲知道了，又皱皱眉头："这个地方也不适合我的孩子居住！"于是，他们又搬家了。这一次，他们搬到了学校附近。每月夏历初一这个时候，官员到文庙，行礼跪拜，互相礼貌相待，孟子见了都一一学习记住。孟子的母亲很满意地点着头说："这才是我儿子应该住的地方呀！"

有人专门做过这样的一个实验研究，他把一对双胞胎女孩子从小分开，一个留在大城市的家庭里，一个被送往边远的地方随亲戚生活。两个孩子的遗传素质大体相同，由于生活的环境不同，这两个孩子的个性发展完全不同。留在城市的孩子喜欢读书，智力发展较好较快，也比较文静；而在边远地方的亲戚家长大的孩子，则不想读书，身体很好，会爬树，也很灵巧，性格很开朗。这都是环境影响的结果。

所以，父母一定要给孩子营造一个良好的环境，具体可以从以下几方面来考虑：

1. 选择一个好的社区环境

不同的社会区域，其社会成员不同，所从事的职业不同，生活习惯、社会风气也就不同。家庭生活和社会生活息息相关，当地的社会生活习惯、社会风气，总是要渗透到家庭生活中去的，从而影响家庭的生活方式、生活习惯，进一步影响到孩子的成长和发展。

孩子的自制力不强，模仿力却很强，很容易受到周围环境的影响。因此，家长要尽量创造良好的环境，以发挥环境对孩子正面的积极的影响作用。

家庭搬迁，往往会对孩子的心理产生很大影响。因此，父母在搬迁前要告知孩子迁居的好处，帮助孩子妥善告别伙伴和熟悉的环境，迁居后指导孩子适应新的环境，注意帮助孩子克服焦虑的情绪。

2. 和睦的邻里关系

如果与邻居"老死不相往来"，这会给生活带来很多不便，家虽在闹市，孩子却仿佛居于孤岛，这不利于孩子的成长。有些家长甚至因为一点小事情就与邻居成为冤家对头，造成邻里关系不和睦，这样会加剧孩子的孤独，妨碍孩子的心理健康。

社会心理学家告诉我们，邻里关系对孩子的心理健康有特殊意义，与邻里的友好交往是治疗独生子女"孤独症"的一剂良方。现在的孩子大多是独生子女，一个家庭如果和邻里相处融洽，两家的孩子在一起玩，经常来往，对孩子的成长是很有利的。

3. 留意孩子在学校交往的朋友

一般来说，孩子有自己交朋友的自由，父母应该尊重他们的选择。但是，孩子辨别是非的能力不强，如果和社会上一些不法青年交上朋友，就很有可能学坏。因此，父母不能忽视孩子所交往的朋友对孩子的影响，一旦发现孩子交友不慎，一定要及时纠正。父母要让孩子自己产生警戒，远离"损友"，如果情况很严重，父母可以和老师沟通协商，想办法解决，千万不能让孩子学坏。

 勤奋读书的欧阳修——养成好习惯

孩子成功教育从好习惯培养开始。

——巴 金

欧阳修是宋代著名的文学家、历史学家,"唐宋八大家"之一。

欧阳修很小的时候,父亲就去世了,母亲带着他艰难度日。好在母亲是一位有志气有见地的女子,她不仅以纺织维持母子两个人的生活,还决心让孩子读书,好让他长大后能成才。但家境实在是困难,交不起学费,上不起私塾,母亲就决定自己亲自来教欧阳修识字、读书。

因为买不起纸和笔,母亲就在地上铺一层细沙做纸,用竹枝代替笔,教欧阳修写字。欧阳修天天跟着母亲学字背书,每天完成识字任务,还要温习、巩固。母亲还给他讲古代先贤的故事,教他做人的道理,鼓励他成为一个有学问、有抱负的人。

欧阳修很聪明,学东西很快,也记得牢,时间久了,就滋长了骄傲情绪。一天,他只顾贪玩,没完成母亲留给的作业。母亲很严肃地把他叫到身边,许久没有说一句话,只是不断地织着布。

忽然,母亲停了下来,递给欧阳修一把剪刀,对他说:"你过来,把这匹布剪了。"

欧阳修吃惊地说:"娘,你为什么要剪布啊?你好不容易织成的布,一剪断就没法卖了。娘,我不能剪。"

母亲这才对儿子说:"你知道好不容易织的布,一剪断就可惜了;可是你不知道,你好不容易读到的书,如果一中断,也是可惜的。如果你一点一滴积累起来的知识不能继续巩固,就会荒废,长大了就难以成才啊。"

母亲的一席话,让欧阳修感到了脸红,他惭愧地低下了头,对母亲说:"娘,我知道错了,我以后再也不贪玩了。"

从此以后,欧阳修更加发奋读书,从不懈怠。直到他长大成名之后,还保持着勤奋读书的习惯。

上述故事中,欧阳修的母亲从小就十分注重对欧阳修习惯养成的监督,其实,这是每一个做父母应尽的义务和责任。相信做父母的常有这样的体会：想要帮助孩子建立一种好习惯，需要一次又一次地监督强制，即便如此孩子也不一定就能养成；而一种坏的行为习惯根本不用人教，孩子一下子就会了。这让做父母的不得不感慨：真是学坏容易学好难。为什么会是这样呢？

这也许要从人性中的本能、欲望的低级需求中寻找答案。

从人的本能来说，人性是动物性的，攻击、破坏、放纵都是动物的本能，而弱肉强食，争夺支配权的厮杀是动物界生存力的表现，最强悍、放纵的动物总是能得到环境生存、培育后代的权利；而顺从、软弱的动物都一批批地被淘汰。由动物阶梯进化而来的人类，仍没有完全摆脱这种动物本能的潜在影响，它仍在人性中起着不可忽视的潜在影响作用，从而影响和左右着人的行为。从这个意义上说，守纪律、讲信用、爱劳动、爱清洁、勤奋好学等优良的行为属于人的社会行为，需要长期培养才能形成。而这些行为需要对本能加以克制和约束，通过训练才能形成。而松散、贪心、懒惰、自私自利等坏的行为，能满足人的低级需要，受人的生存驱动力的影响，很容易会自发地表现出来。

例如，大人要求孩子玩耍后玩具要放回原处，这种行为与本能相违，需要意志力和自控力，还需要长期而严格的相应训练，才能养成这一良好的行为习惯。相反，玩具玩完了一扔了事，既方便，又无须约束，当然不用学也做得到。

这种"学坏容易学好难"有点类似于"下坡容易上坡难"。我们都明白，上坡要比下坡费劲得多。如果把上坡比做"学好"，把下坡比做"学坏",人生的"上坡"和"下坡"也有类似的规律,就像人们说的"学好千日不足,学坏一日有余"。

既然学好比学坏需要付出更多的努力和克制,那么,怎样才能做到让孩子学好而不学坏呢?

首先,做父母的要自己"懒惰"一些,不要什么都给孩子做完了。很多父母对于孩子的大事小事大包大揽,他们觉得孩子还小,自己能代劳的就代劳了。其实,父母这样的想法和做法都是错误的,最终导致的结果是,父母勤快了,孩子就懒惰了。所以,父母们别再替孩子把房间收拾得井井有条,让孩子自己尝试收拾吧,这样他们才能逐渐养成自己动手的习惯。时间长了,孩子的独立性和自立能力都会有所增强,对于责任的承担能力也会增加。

其次,经常故意给孩子制造一些"困难",让孩子经过努力就可以做到。让孩子去克服这样的困难,有利于提升他们的能力,也容易让孩子感受到自己动手获得成功的喜悦,可谓是一举两得。

再次,制订家庭规范来约束孩子。俗话说,"没有规矩不能成方圆",国有国法,家有家规。跟大人相比,孩子的自控能力较弱,有的已经改正的坏习惯还可能再犯,甚至有些已经养成的好习惯也有可能坚持不下去。为此,父母可以制订一些家庭规范来约束孩子。比如,孩子不按时刷牙、浪费粮食、不按时洗澡等坏习惯,都可以通过制订家规给予限制和约束,促其改正。

最后,适当让孩子吃点苦。如今的生活条件好了,孩子们都习惯了安逸的生活,父母应该适当让孩子吃点苦,因为只有让孩

子吃些苦,他们才能更加懂得珍惜现在和体谅他人。所以,父母应该经常让孩子参加学校组织的野营活动,或者植树节时带着孩子去体验植树的乐趣,又或者直接带着孩子去体验农村或山村的生活,这样不仅可以培养其吃苦耐劳的能力,还能锻炼孩子坚强的意志力。

 荣誉就像玩具——情商教育

让柏拉图与你为友,让亚里士多德与你为友,更重要的是,让真理与你为友。

——美国哈佛大学校训

居里夫人是一位伟大的女科学家,她仅在相隔8年的时间里,两度获得不同学科的最高科学桂冠——诺贝尔物理学奖与诺贝尔化学奖。这个纪录在百年诺贝尔奖的历史上还没有被人打破。

居里夫人的伟大,不仅因为她在科学上的贡献,还在于她那惠及世界父母的高超的家庭教育艺术。在居里一家中,居里夫妇和亨利·贝克勒因为在放射性上的发现和研究而获得了1903年的诺贝尔物理学奖;在她的教育下,她的长女伊伦娜成了核物理学家,并与丈夫约里奥·居里因发现人工放射性物质共同获得诺贝尔化学奖;次女艾芙·居里成了音乐家、传记作家,其丈夫曾以联合国儿童总干事的身份,获得1965年诺贝尔和平奖。这也是居里一家所获得的第四枚诺贝尔奖章,创造了诺贝尔奖的一个

奇迹。这一奇迹源于居里夫人的教育艺术。

居里夫人因发现镭而闻名全球,并因此得到世界各种科学机构颁发的许多奖项。

一天,朋友到她家做客,忽然看见居里夫人的小女儿拿着一枚英国皇家科学协会的金质奖章在当玩具。朋友惊讶地问道:"夫人,得到一枚英国皇家科学协会的奖章,是一项极高的荣誉,您怎么可以给孩子随便玩呢?"

居里夫人笑着说:"我是想让孩子从小知道,荣誉就像玩具一样,只能玩玩而已,绝不能永远守着它,否则将一事无成。"

居里夫人家庭教育中最明显的特点是,用自己的高尚品德去影响孩子。她的品德中最令人佩服的是她的爱国心。她在丈夫皮埃尔去世后,经济上十分拮据,一个人的微薄收入不仅得抚养孩子,还得补贴一些给科研,有人建议她卖掉与皮埃尔在实验室里提取的1克镭,这在当时价值100万法郎,但居里夫人坚持不卖这一科研成果。她告诫两个女儿:"镭应该属于科学,不属于个人。"为了纪念她的祖国波兰,她把首次发现的新元素命名为"钋"。她的行动感染了两个女儿,尤其是伊伦娜夫妇。他们不仅继承了居里夫人的科学事业,也继承了她的崇高品德。1940年,他们把建造原子反应堆的专利捐赠给了国家科学研究中心。

绝大多数人的智商是差不多的,而后天的情商教育与情商培养可以改变你的生命轨迹,引领你走向卓越、超越平庸。美国心理学家认为,情商包括以下几个方面的内容:一是认识自身的情绪。因为只有认识自己,才能成为自己生活的主宰。二是能妥善管理自己的情绪,即能调控自己。三是自我激励,它能够使人走出生命中的低谷,重新出发。四是认知他人的情绪。这是与他人正常交往,实现顺利沟通的基础。五是人际关系的管理,即领导和管理能力。

情商的水平不像智力水平那样可用测验分数较准确地表示出来,它只能根据个人童年时期的综合表现进行判断。心理学家们还认为,情商水平高的人具有如下特点:社交能力强,外向而愉快,不易陷入恐惧或伤感,对事业较投入,为人正直,富有同情心,情感生活较丰富但不逾矩,无论是独处还是与许多人在一起时都能怡然自得。专家们还认为,一个人是否具有较高的情商,和童年时期的教育培养有着密切的关系。因此,培养情商应从小开始。

情商的价值是无量的,情商伴随着社会人的一生,是后天培养与修炼都能达到的。它需要自己去勇敢地面对自己厌恶的事情,这样你可以迅速地成长，去勇敢地面对自己所怕的。所以，我们的家长在重视提高孩子智商的同时，更要重视提高孩子的情商、道德商；身教重于言教，以父母自身的高尚品德与文明举止教育出来的孩子一定是品德高尚、智慧超群的孩子。

不知疲倦"问一生"——学会学习

如果一个人不停地问问题，世上就没有愚蠢的问题和愚蠢的人。

——（美国）斯泰因麦兹

有一天，美国著名发明家爱迪生在路上遇到了一个朋友，对方的手指关节明显肿了。

"朋友，你的手怎么会肿呢？"爱迪生不解地问。

"我也不知道是什么原因造成的。"

"为什么你不知道呢？医生知道吗？"

"每个医生的诊断都不一样，不过大多数医生认为我是患了痛风症。"

"哦？痛风症？痛风症是什么啊？"

"他们告诉我说这是尿酸积淤在骨节里。"

"既然他们都已经知道了症结在哪里，那为什么不从你骨节中取出尿酸来呢？"

"那是因为他们也不知道怎么才能将其取出来。"生病的朋友回答。

"为什么他们不知道怎么取出来呢？"爱迪生很不解地问道。

"那是因为尿酸是不能溶解的。"那位朋友又说。

"我才不相信呢，我一定会找到办法的。"这位世界闻名的发明大王回答道。

跟朋友分别以后，爱迪生立即回到了实验室里，而且很快便开始试验尿酸到底是否能溶解。他排好一列试管，每只管内都灌入1/4管不同的化学液体。每种液体中都放入数颗尿酸结晶。两天之后，他看见有两种液体中的尿酸结晶已经溶化了。于是，这位发明家又有了一项新的发现，这个发现也很快地传播出去。现在这两种液体中的一种在医治痛风症中已经普遍得到采用。

爱迪生的一生，没有停止问"为什么"。他虽然没有把自己所提的问题都求出答案来，然而他所做出来的答案却多得惊人。组建美国羊毛公司的威廉·伍德说："得到真正教育的唯一方法便是发问。"我们在求学的过程中，一定要多问多学，其实学问就是"学"加上"问"。做学问的人重要的不在于是否得到答案，而在于保持一种时刻寻求答案的态度。

这一点是我们每一个人都应该记住的,千万不能不求甚解,对问题听之任之。

 快乐在哪里——确立目标

医生所犯的最大错误是,他们想治疗身体,却不想治疗思想。可是精神和肉体是一体的,不能分开处置。

——(古希腊)柏拉图

一群年轻人到处寻找快乐,但是,却遇到许多烦恼、忧愁和痛苦。他们向老师苏格拉底询问,快乐到底在哪里。苏格拉底说:"你们还是先帮我造一艘船吧!"

青年们暂时把寻找快乐的事儿放到一边,找来造船的工具,用了七七四十九天,锯倒了一棵又高又大的树,挖空树心,造成了一条独

木船。

独木船下水了,青年们把老师请上船,一边合力摇桨,一边齐声唱起歌来。苏格拉底问:"孩子们,你们快乐吗?"学生们齐声回答:"快乐极了!"

苏格拉底道:"快乐就是这样,它往往在你为一个明确目标忙得无暇顾及其他的时候突然造访。"

这个故事告诉我们,一个有明确目标并为之不懈奋斗的人,是世界上最幸福的人。为此,每个人都要学会给自己确定一个明确的奋斗目标,让自己在短期目标、中期目标和长期目标的指引下,过好生命中的每一天,感受每一天生活的快乐。也就是说,生活需要有追求,一个没有追求的人生,将是痛苦不堪的人生。这个故事还告诉我们,快乐与烦恼主要决定于一个人对生命的理解。许多成功人士都认为,人活着是为了能给他人带来幸福与快乐。那些有明确奋斗目标的科学家是世界上最快乐的人群之一,他们远离尘世的纷争,专心于自己所喜欢的工作。这也许就是作家、歌唱家、画家之类的专业人士为什么过得比平常人更有滋味的缘故。

一位少年拜访一位智者。他问:"我如何才能变成一个自己快乐,也能够给别人快乐的人呢?"智者说:"送你四句话——把自己当成别人,把别人当成自己,把别人当成别人,把自己当成自己。"少年牢记住智者的话,终于成为一个自己快乐且能给别人带来快乐的人。

其实快乐就在我们每个人的心里，重点是我们要有自己的目标：做人的目标、快乐的目标……当目标确立以后我们会发现，其实不断实现目标的过程中我们终于得到了人生的圆满和幸福。

 斯坦福大学诞生记——懂得尊重

不知道自己尊严的人，他就完全不能尊重别人的尊严。

——（德国）席勒

一对衣着朴素的老夫妇，没有事先约好，就直接去拜访美国哈佛大学的校长。校长秘书很不客气地说："校长整天都会很忙。"

老太太回答说："没关系，我们可以等他。"

几个小时过去了，老两口仍然呆坐在那里。秘书终于决定通知校长，校长很不耐烦地接见了他们。老太太告诉校长："我们有个儿子曾经在贵校读过一年书，但是去年，他发生意外死了，我丈夫和我想要在校园里为他立一个纪念物。"

望着长相平平的老夫妇，校长粗声地对老太太说："夫人，我们不能为每一位读过哈佛而死亡的人建立雕像。要是那样的话，我们的校园看起来会像墓园一样。"

老太太急忙辩解说："不是的，我们不是要竖立一座雕像，我们想要捐一栋大楼给哈佛大学。"

校长看了一下他们的穿着，轻蔑地说："你们知不知道建一栋大楼要多少钱？我们学校的任何一栋建筑物都超过750万

美元。"

这时,老太太沉默不语了。校长很高兴,心想总算可以把他们打发走了,只见老太太转向她的丈夫激动地说:"只要750万美元就可以建一座大楼?那我们为什么不干脆成立一所大学来纪念我们的儿子?"她的丈夫也点头表示同意。

就这样,斯坦福夫妇离开了哈佛,在加州成立了如今已闻名全球的斯坦福大学来纪念他们的儿子。

俗话说,人不可貌相,海水不可斗量。以貌取人的人是缺乏道德的势利之人。以外表作为评断人的标准,不但贬低了别人也贬低了自己,更因此失去许多成功的机会。

尊重是一种修养,一种品格,一种对人不卑不亢、不俯不仰的平等相待,对他人人格与价值的充分肯定。任何人不可能尽善

尽美、完美无缺，我们没有理由以高山仰止的目光去审视别人，也没有资格用不屑一顾的神情去嘲笑他人。假如别人某些方面不如自己，我们不要用傲慢和不敬的话去伤害别人的自尊；假如自己某些方面不如别人，我们也不必以自卑或嫉妒去代替应有的尊重。一个真心懂得尊重别人的人，一定能赢得别人的尊重。

所以，学会从心底里尊重每一个人是我们应该做到的，并且这也是我们需要终生学习的。

请为你的冷漠付费——关爱他人

慈悲不是出于勉强，它像甘露一样从天上降下尘世；它不但给幸福于受施的人，也同样给幸福于施与的人。

——（英国）莎士比亚

1935年，时任纽约市长的拉瓜地亚，曾在一个位于纽约的贫穷脏乱区域的法庭上旁听了一桩偷窃案的审理。被控罪犯是一位老妇人，被控罪名是偷窃面包。在讯问到她是否清白或愿意认罪时，老妇人小声回答："我需要面包来喂养我那几个饿着肚子的孙子，要知道，他们已经两天没有吃到任何东西了……"

审判长答道："我必须秉公办事，你可以选择10美元的罚款，或者是10天的拘役。"

判决宣布之后，拉瓜地亚市长从席间站起身来，脱下帽子，往法庭罚款箱里面放进10美元，然后面向旁听席上的其他人大

声说:"现在,请每个人另交出50美分的罚金,这是我们为我们的冷漠所付的费用,以处罚我们竟让祖母偷东西来喂养孙儿的事发生在我们所在的城市里的过失。"

无人能够想象得出那一刻人们的惊讶与肃穆,每个人都悄无声息地、认认真真地捐出了50美分。

冷漠会让急需得到帮助的人处于孤立无援的悲惨境地,冷漠还会使本可避免的悲剧发生;冷漠既可以让人丧失人类最可贵的同情心与爱心,还可能丢掉自己的生命。相信下面这个发人深省的故事会给你留下深刻的印象。

一位大学教授带着硕士研究生和向导到原始森林里采集标本。向导是一个没有文化的山里人,除了带路,他还兼做一些挑扛行李、标本等苦力活。进山前教授已和向导商定，由教授每天给他20元工钱，出山后一次结清。

开头几天，三个人的关系还算融洽。可是一个月后，采集的标本便成了他们的负担。教授与他的得意门生依然讨论学术问题，依然不断采集那些珍贵的标本往向导的担子里塞。向导开始有了怨言，出现了消极怠工。这天向导走累了，他喘着粗气对研究生说："我累得实在是走不动了，请你帮我分挑一些吧。"

研究生冷冷地对向导说："你是我们花钱雇的向导，挑不起也得挑，对不对？"

教授更不愿意干与自己身份不符的仆役之活。向导一气之下将满满一担的标本往森林里一放，连工钱也不要就独自走出了原始森林。研究生只好承担起这个工作。在茫茫原始森林里失去了向导等于在大海上失去了指南针。研究生带着教授终日在森林里兜圈子，寻找着通往山外的路标……

多年后，向导因事要穿过那片原始森林，偶然在一棵大树旁发现了一担标本。于是他想起了教授和研究生，终于在离标本不远的丛林里发现了两具尸骨。向导在回家路上将标本挑出了原始森林，送到一家研究所。研究所给他的酬金远远超过了当初教授许诺给他的佣金，这家研究所为了感谢向导的支持，还聘他为名誉研究员。

因为自私和冷漠，教授和研究生丢掉了宝贵的生命。关爱生命，关爱他人的生命，这是所有文明社会的文明人所必备的品质。如果他们当时能够多给向导一些关爱,为向导哪怕分担一点点的负担,也不会有如此可悲的下场。他们拥有渊博的知识,但他们所缺乏的正是人类最需要的同情心与爱心。上述两个故事告诉我们,乐于分担别人的担子,帮助别人走出困境,愿意设身处地为别人着想、帮助别人走出困境的人,其实就是在帮助自己走向成功。

 给孩子贴上正面标签——标签效应

> 教育者的关注和爱护在学生的心灵上会留下不可磨灭的印象。
> ——(苏联)苏霍姆林斯基

在第二次世界大战期间,美国由于兵力不足,而战争又的确需要一批军人。于是,美国政府就决定组织关在监狱里的犯人上前线战斗。这些  人纪律散漫,不听指挥,于是美国政府特派了几个心理学专家对犯人进行了战前的训练和动员,并随他们一起到前线作战。

心理学专家和他们谈话后,要求他们每周给自己最亲的人写

一封信。当然，他们很高兴。信的内容由心理学家统一拟定，要他们照抄一遍就行了。信的内容大体是告诉他们的亲人，他们在前线如何勇敢、如何听指挥和创立了多少战功。

这样坚持了半年后，奇迹发生了：这些士兵竟一个个变了样，在战场上的表现比起正规军来毫不逊色，真的像他们信中所说的那样服从指挥、那样勇敢拼搏。

一个人被别人下某种结论，就像商品被贴上了某种标签。当被贴上标签时，就会使自己的行为与所贴的标签内容相一致。孩子的情感态度都是直接的，你给他们贴上什么标签，他们就会做出与标签一样的事情来。比如，你说他们是个乖孩子，他们就是乖孩子，就会表现出听话的举动来；你说他们是不听话的孩子，他们就会打人、骂人，做出一些让人生气的事情来。

老师应该及时给孩子贴上正面标签，哪怕是一个让人伤透脑筋的孩子也不要放弃，找准一个闪光点，把这个亮点放大，他们就会向着你期望的目标一步一步靠近。

一个人当被一种词语名称贴上标签时，就会作出自我印象管理，使自己的行为与所贴的标签内容相一致。这种现象是由于贴上标签后引起的，故称为"标签效应"。

心理学认为，之所以会出现"标签效应"，主要是因为"标签"具有定性导向的作用，无论是"好"是"坏"，它对一个人的"个性意识的自我认同"都有强烈的影响作用。给一个人"贴标签"的结果，往往是使其向"标签"所喻示的方向发展。

有的老师对孩子要求过高，当孩子无法达到时，老师就很失望，认为孩子脑子笨，经常批评他"大笨蛋""不是读书的料"，这等于在无形之中给孩子贴上了"我不行"的标签。这种不良的标签会使孩子产生"我确实不行"的感受，并且对自己的能力产生怀疑，进而对自己失去信心，就会不自觉地放弃追求成功的努力。长此以往，坏标签的预言便会成真。

曾有人以"你长大想当什么？为什么？"为题，对小学五年级学生进行一个问卷调查。有些学生是这样回答的："我学习成绩不好，老师说我是笨蛋，我也不知道长大能当什么。"从中可以看出大人给孩子的负面标签，给孩子造成了多大的危害！

孩子的很多行为，例如顽皮、好动，甚至做出出格的举动，这些表现多为孩子天性使然，无所谓好、坏，即使有一些不良行为，往往也是一种无意识行为或对成人的简单模仿。所以，切忌动不动就对孩子的行为贴上"好""坏"的"标签"，人为地划分"好孩子""坏孩子"，那样，很容易使孩子自觉不自觉地趋同于划定的类别，妨碍了他们的自然成长。

也许有的老师会说，给孩子贴上不好的标签，只是激将法，是想让他变得好一点而已。这是一种错误的观点。激将法对成人或许有用，但对孩子却很难奏效。因为，孩子年龄尚小，其独立性有限，对老师的说法易于认同，也很难产生"你说我不成，我就做得更好给你看"的想法。老师不可轻易对孩子下结论，不要给孩子乱贴标签。因为这样轻则会恶化师生关系，严重的还可能促使孩子向消极方面发展。

例如，日常生活中，有的孩子起床后不叠被子，老师往往不耐烦地说："你真是条大懒虫。"有的孩子接受知识慢，老师有时也会忍不住批评说："你怎么这么笨。"这些看似随意的一句话，实际上对孩子自尊、自信的伤害往往很深。

而且，在社交活动中往往物以类聚、人以群分，如果你给孩子贴上坏的标签，他就会把自己归到表现不好的学生那一类，经常和那些孩子待在一起，这又会加重孩子的不良倾向。

所以老师对有缺点、坏习惯、坏行为的孩子，千万不能动辄贴上坏的标签。相反，要从各方面去观察，用放大镜尽力找出孩子的闪光点，时刻看到他们的进步，用好标签去鼓励他们发扬优点。那么，"笨孩子"就有可能悄悄地变成"聪明孩子"，收到意想不到的教育效果。

期望能产生奇迹——罗森塔尔效应

善于鼓励学生，是教育中最宝贵的经验。

——（苏联）苏霍姆林斯基

我们在生活中可以发现这样的现象：当一个人没有得到应有的注意和期待，而是被埋没在人群中，那么他很可能就这样一直平庸下去；而当他被周围人寄予厚望并频频鼓励时，他却能宛若新生，仿佛突然间充了电一样，做出一番令人不可思议的"壮举"。

这就是神奇的"期待效应",心理学上叫作"罗森塔尔效应"。

罗森塔尔是20世纪美国著名的心理学家。1966年,他做了一个实验。

他把一群小老鼠一分为二,把其中的一小群(A群)交给一个实验员,说"这一群老鼠是属于特别聪明的一类,请你来训练";把另一群(B群)交给另外一名实验员,告诉他这是智力普通的老鼠。两个实验员分别对这两群老鼠进行训练。一段时间后,罗森塔尔对这两群老鼠进行测试,测试的方法是让老鼠穿越迷宫,结果发现,A群老鼠比B群老鼠聪明得多,都跑出去了。

其实,罗森塔尔对这两群老鼠的分组是随机的,他自己也根本不知道哪只老鼠更聪明。当实验员认为这群老鼠特别聪明时,他就用对待聪明老鼠的方法进行训练,结果这些老鼠真的成了聪明的老鼠;反之,另外那个实验员用对待普通老鼠的方法训练,也就把老鼠训练成了普通的老鼠。

罗森塔尔立刻把这个实验扩展到人的身上。1968年,他和助手们来到一所小学进行一项实验。

他们从小学一年级到六年级共选了

18个班,对班里的学生进行了"未来发展趋势测验"。之后,罗森塔尔以赞赏的口吻将一份占总人数20%的"最有发展前途者"的名单交给了校长和任课老师,并叮嘱他们一定要保密,否则会影响实验的正确性。

8个月后,他们再次来到这所小学,对那18个班的学生进行复试。结果奇迹出现了:凡是上了名单的学生,个个成绩都有了较大的进步,而且活泼开朗,自信心强,求知欲旺盛,更乐于和别人打交道。

其实,当初那份名单只是罗森塔尔随机挑选出来的,不过这个谎言对老师产生了心理暗示。在这8个月里,谎言左右了老师对名单上的学生的能力评价,老师又将这一心理活动通过情感、语言和行为传染给了学生,使学生强烈地感受到来自老师的热爱和期望,从而使各方面得到了异乎寻常的进步。

上述的实验结果深刻地表明了一点:教师对学生的期望影响着学生的罗森塔尔成绩。此后,罗森塔尔等人又做了一个实验,把教师的期望与学生的学业成绩做了相关分析,结果表明,教学成功的个人期望与学生的成绩是相辅相成的。克雷纳等人于1978年对4300名儿童进行了4年的纵向研究,并进行了一系列相关分析,结果表明教师期望明显地引起了学生成绩的变化。

现在,人们就把这种由他人的期望和热爱,而使人们的行为发生与期望趋于一致的变化情况,称为"罗森塔尔效应"或"期待效应"。

罗森塔尔效应也告诉我们,当老师把学生当作聪明的学生来对待,用对待聪明学生的方法来教育时,学生就会成为聪明的人;当老师把学生当作天才,并让学生知道他们是天才的时候,老师的眼里就无"差生"可言。

 均衡发展最重要——木桶定律

完善的教育可能使人类自身的智力和道德的力量得到广泛的发挥。

——(俄国)乌申斯基

古希腊神话中曾经有一则这样的传说:

美丽的女海神蕾蒂斯生下一个孩子,他的名字叫做阿喀琉斯。她把新生儿带到圣河,双手紧紧握住阿喀琉斯的脚踝,将孩子几乎完全浸到圣河里。经过圣河洗礼的阿喀琉斯,从此拥有一副与众不同的金刚不坏之身。

长大后的阿喀琉斯果然骁勇善战,他为希腊立下许多不朽的功勋。所以在他的生命中,只有胜利与荣耀,他是失败、挫折、疾病、灾难等的绝缘体。后来,特洛伊战争改变了这一切。特洛伊城的王子帕里斯劫走了希腊皇后海伦,阿喀琉斯奉命不计任何代价,必须救回皇后海伦。

一向战无不克的阿喀琉斯,经过9年苦战,却依旧攻不下特

洛伊城。在战争进行到第10年时，敌方将领帕里斯在众神的示意下，一箭射中了阿喀琉斯的脚踝，阿喀琉斯倒下了。

原来当年蕾蒂斯将阿喀琉斯浸入圣河时，她双手紧紧握住阿喀琉斯的脚踝，这是唯一没有被浸到的地方，如今却成了阿喀琉斯的致命伤。

脚踝是阿喀琉斯唯一的弱点，可就是这个弱点决定了英雄的生死。

上述的故事讲述了一个道理，也就是木桶定律。一只木桶由许多块木板组成，如果组成木桶的这些木板长短不一，那么，这只木桶盛水的多少并不取决于桶壁上最高的那块木板，而取决于桶壁上最短的那块木板。这就是所谓的木桶定律。

现实生活中，每个人都有优势和劣势，它们共同构成了一个人的能力。然而，如果一个人的某些基本能力严重欠缺，那么原来的优势就会失去必要的支撑和平衡，强项必然受到弱项的拖累而无法顺利施展，最后鸡飞蛋打，导致崩盘。

对于学生来说同样如此，如果存在某类知识缺陷，能力的发挥总是受到制约；如果他的某些缺点长期得不到改善，甚至可能会给自己带来致命的打击。所以，学生只有均衡发展，充分发挥协同效应，才可能取得更大的成功。

如果把对学生的教育比作木桶的话，它应该由德育、智育、体育、美育、劳动技能教育五块"木板"组成。然而，我们在生活中发现，很多老师都非常重视智育这块"木板"的长度，却忽视了其他四块"木板"。这种片面的教育，其结果很可能与老师的初衷大相径庭。例如，我们看到有的老师不注重对学生的思想品德教育，结果学生走上了犯罪的道路；有的老师不重视学生的体育，结果一些成绩优秀的学生成了"豆芽儿"体形；有的老师不注重学生的美育，导致他们盲目接受社会的反面文化……

除此之外，在学生时代，有偏科现象的学生比比皆是，有些老师却忽视了对其偏科现象的纠正。这并不是一种好的教育方式。要知道各学科之间是相互联系、相互渗透的。学生的知识面如果太狭窄会影响他们对新事物、新学科的接受，甚至还会妨碍学术交流，影响学生的进一步发展。老师要有足够的耐心，不仅要保障学生优势学科的发展，更要热情辅导学生的非优势学科，善于发现学生的点滴进步，及时予以肯定和鼓励，激发学生对该学科的兴趣，增强信心。长期坚持下去，学习偏科的问题会逐渐得到解决。

总而言之，老师在培养学生的能力时，应及时纠正学生学习能力发展失衡的情况，千万不能只强调学生的优势或特长，而忽视甚至放弃学生的弱势能力，这样势必影响学生未来的学习和生活。

望远镜的发明——培养创造力

想象比学识更重要。

——（美国）爱因斯坦

故事一：

1609年，荷兰一家眼镜店老板汉斯的儿子拿着几块眼镜片与几个孩子在一起玩弄着。他们模仿大人，有的把镜片架在自己的眼睛前，有的把两块镜片放在一前一后看着远方。

突然，一个孩子惊喜地叫了起来："快来看呀，远方的教堂尖塔怎么变得这么近？"孩子的叫声惊动了站在柜台里的汉斯老板……汉斯仔细观察后发现，孩子手里拿的一片是近视镜片（中间薄、边缘厚的凹透镜），一片是老花镜片（中间厚、边缘薄的凸透镜）。孩子在游戏中发现了可以望到远处的现象，汉斯抓住这一偶然发现，认真研究后，发明了世界上第一台望远镜，为今天人类能够探索宇宙的奥秘立下了不朽的功勋。

贪玩不光是孩子的特性，也是成人的本性。人们把吃、喝、玩、乐称为生活的四大组成部分，世界每年众多的旅游人数，建立众多的游乐项目，遍布世界各地的旅游胜地等，无不说明玩是人类的天性。容忍孩子尽情地玩，并加以适当地引导，才是正确的育子之道。

故事二：

德国神童卡尔·威特的父亲，在院子里专门为小威特修了一个人造游戏场。他在院子里铺着60厘米厚的沙子，周围栽着各种花草树木。小威特在这里观花、捉虫子，培养出了善于观察、善于思考的习惯和热爱大自然的感情。他还做了各种木块，让小威特用这些木块叠房子、盖城墙、架桥梁……威特的父亲从不为了整理房间而破坏孩子的游戏，而是让孩子尽情地、快乐地享受游戏带来的乐趣，保护着孩子丰富的想象力。

我们从望远镜的发明到卡尔·威特的成长，不难发现一个具有普遍意义的启示：家长和老师要注意保护孩子玩的天性，通过带孩子亲近大自然、做游戏、玩智力玩具等孩子最喜欢的"休闲方式"，来培养孩子善于观察、善于思考的良好习惯和动手能力。同时还要注意选择教育性比较强的能增长孩子智力的玩具，从小培养孩子的丰富想象力、动手能力与良好的思维习惯。

人类社会的进步过程，从一定意义上说就是不断"异想天开"的过程。美国莱特兄弟小时候"异想天开"要上天，1903年，他们制成飞机实现了人类的首次机械飞行，真的上了天。人在几千年前就幻想过"顺风耳"和"千里眼"。1895年俄国波波夫发出了世界上第一份电报，1925年美国贝尔·德明发明了机械扫描电视,人真的能听到千里之外的声音,看到千里之外的物象了。

成人在考虑问题时,常受到许多潜在因素的限制,但孩子却不同,他们可以让思维插上翅膀尽情驰骋,常常会想出出人意料的答案,这是很可贵的。一位心理学家做了这样一个实验:在一张白纸上用黑墨水滴了一个黑点,问成年人这是什么,答案几乎是一样的:一个黑点。问幼儿园的小朋友,有的说这是一只断了尾巴的蝌蚪,有的说是一只压扁的臭虫,有的说是一顶帽子,有的说是一粒黑芝麻,答案有很多。

有时孩子会向大人提出一些天真的问题,大人不能一笑置之,更不能随意地加以嘲笑,而应正面鼓励并积极引导孩子大胆地想!在条件可能的情况下,还应设法促使孩子动手参与活动,让他们在活动中去寻求答案,以发展其求新求异的思维能力。

 卡耐基与比西奇——夸奖教育

人类本性最深的需要是渴望别人的欣赏,因此我们要多夸奖别人。

——(美国)拿破仑·希尔

故事一:

有一次,卡耐基正在教学,在场听课的学生中有一位来自匹兹堡的学生,他叫比西奇。比西奇在上课的过程中似乎显得特别

笨，在每个方面都似乎差人一等。因此，比西奇感到很沮丧。

下课以后，比西奇带着失望的心情来到卡耐基的办公室，对卡耐基说："先生，我想退学。"

"为什么？"卡耐基奇怪地问。

"我……我感觉比别人笨多了，根本学不会你的教程，这样一来，我完全是浪费时间而已。"

"我觉得不是这样的，比西奇！"卡耐基说，"在我的感觉中，这半个月来，你比以前进步明显，在我的心目中，你是个勤奋而又成功的学生。"

"真的是这样吗？先生，你真的是这么认为的吗？"比西奇略带惊喜地问。

"当然，当然是真的！而且，在我看来，在不久的将来，或许就在毕业的时候，你就会取得非常优异的成绩。"

看到比西奇的神情明显好转了不少，卡耐基继续说："在我小的时候，人们都认为我是个笨孩子，那时的我是多么的忧郁！后来，我摆脱了忧郁，同时也摆脱了'笨'，你比我当年强多了！"

经过这一段对话之后，比西奇内心深处升起了希望。他凭着自己的努力和卡耐基的赞美终于学完了全部教程，毕业时成绩虽不很优异，但也足以让人刮目相看了。

故事二：

一个叫马尔科姆·达尔科夫的人，一直从事广告促销方面的专业创作，并取得了相当的成功。他深情地回忆起24年前那位改变他人生的女老师的故事。

小时候的达尔科夫是个生性极为内向的、胆怯、害羞的男孩。他几乎没有朋友,对什么事都缺乏信心。那是1965年10月的一天,他的中学女教师露丝·布劳奇在班上布置作业。学生们已阅读了《杀死一只知更鸟》一文,老师要求学生接着那篇小说的最后写续文。他无法回忆起女老师布劳奇给的评分是多少,但他至今仍清晰地记得,而且永生难忘的是布劳奇老师在他作文的页边空白处写下的那四个字"写得不错"。

他说:"在读到这些字之前,我不知道我是谁,也不知道将来要干什么。读了她的批注之后,我回到家,就写了一篇短篇小说,这是我梦寐以求,但从来不相信自己能做的事。"

从此,在中学时代剩下的日子里,达尔科夫用课余时间写了大量的短篇小说,经常将它们带给布劳奇老师评阅,布劳奇老师不断地给予鼓励,批改一丝不苟,态度和蔼可亲。不久,他担任了中学报纸的编辑工作,他的信心与日俱增,开始了一种充实的、富有收获的生活。

在中学建校30周年的联欢会上,达尔科夫对已经退休在家的布劳奇老师说,如果没有老师那四个令人鼓舞的字,他也许今天不会成为作家。

夸奖应该真诚与实事求是,夸奖别人最忌讳的是用不太真诚的态度说出敷衍的话。千万记住,人是喜欢被夸奖、被人欣赏和赞美的。当别人夸奖他比别人更强或某方面做得特别好时,那他

会变得乐不可支,卡耐基与比西奇的谈话之所以获得成功,是因为他深谙比西奇的心理。他能够用自己小时候的例子,让比西奇相信他说的是大实话,因而产生了心灵共鸣,并让比西奇付之行动,取得成功。因此,大人用真诚的态度、站在孩子的立场、设身处地的谈话,是最成功的谈话策略,因为能够产生心灵共鸣的教育才是最有效的教育,也才有可能真正将孩子教育成人、成才。

如果我们的老师都愿意在学生的作业簿上多写一些"写得不错""有进步""真是太好了""好样的"等激励性的批注,那么在我们的学校里,将有更多的学生走上成功之路。

第六章

管理在人，管人在心

杜邦公司的三驾马车——集权与分权

权力是腐蚀人的，绝对的权力就会造成绝对的腐蚀。

——（英国）阿克顿

杜邦公司在美国经济发展中具有举足轻重的作用，历经两个世纪的兴盛，是美国最大的财团之一，如今更是全球商业界的巨人。

历史上的杜邦家族是法国富有的王室贵族，1789年法国大革命中，老杜邦带着两个儿子逃到美国。1802年，他们在美国建立了火药厂，历经200多年的发展，杜邦公司经营的产品和服务达1800多种，经营范围涉及衣、食、住、行、用等各个方面，拥有员工16万余人。

19世纪，杜邦公司实施的是单人决策式管理，领导者对公司实行强权控制，事无巨细亲自过问，使公司一度陷入危机，差点转卖给杜邦家族以外的人经营。

到了 19 世纪末 20 世纪初，杜邦公司决定抛弃单人决策式管理，实行集团经营模式，建立执行委员会。由于采取了新的措施，公司再度兴旺起来。但此时，杜邦公司依然属于高度集权式管理。

第二次世界大战之后，杜邦公司步入多元化经营阶段，但由于高度集权式管理的局限，多元化经营使公司遭到严重亏损。经过分析，杜邦公司实行了组织创新，由集团式经营向多分部体制转变，总部下设分部，分部下设各职能部门，这一时期，集权已开始向分权转变。

20 世纪 60 年代初，杜邦公司又面临一系列困难：许多产品的专利保护期纷纷期满，在市场上受到日益增多的竞争者的挑战，道氏化学、孟山都、美国人造丝、联合碳化物等公司相继成为杜邦公司的劲敌。1960～1972 年，美国物价指数上升 4％，批发物价指数上升 25％，杜邦公司产品的平均价格却下降了 24％，竞争使杜邦公司遭受了重大损失。这一时期，掌控多年的通用汽车公司 10 亿多美元的股票被迫出售，美国橡胶公司也转到了洛克菲勒手下，当时的杜邦公司可谓是危机重重。

1962 年，被称为"危机时代领跑者"的科普兰担任公司第十一任总经理。但是在 1967 年底，科普兰把总经理一职让给了非杜邦家族成员的马可，这在杜邦公司历史上是史无前例的，财务委员会议议长也由他人担任，科普兰只担任董事长一职，从而形成了"三驾马车式"的组织体制。1971 年，科普兰又让出了董事长一职。

杜邦公司是一个家族企业，有一条不成文的规定，那就是家族之外的人不得担任最高管理职务，为了确保杜邦家族"肥水不流外人田"，甚至实行同族通婚，因此科普兰的举动在杜邦公司历史上，无疑是划时代的变革。但是科普兰对此举动自有他的解释，他说："三驾马车式体制，是今后经营世界性大规模企业不得不采取的安全措施。"

事实证明，科普兰的革新是非常成功的。

现在，企业的兴盛越来越依靠群体的努力和团队的协作，管理者已没有时间坐下来听每一位下属的报告。管理者必须学会成功地下放权力，让每一位下属都有机会为完成工作做出贡献。

集权是指一切决策权均集中在上级机关，下级机关必须依据上级的决定和指示行事；分权是指下级机关在自己管辖的范围内，有权自主决定做什么和怎么做，上级不必干涉。

当企业规模发展到一定阶段，规模与效率的冲突就变得日益明显。这时，集权还是分权就成了企业管理中一个复杂而艰难的问题。处理集权与分权的关系，既要防止"失控"，又不能"统死"。

集权与分权是一对欢喜冤家，既互相矛盾，又密不可分。怎样才能化解它们之间的恩怨，使之发挥最大的整体协调效应呢？要达到这一目标，可遵循这样一条原则：战略上的集权和战术上的分权。

在现实的企业管理中，关于集权与分权的发展趋势是：最大限度地放权，实行扁平化管理。其主要依据有以下几条：

（1）随着社会生产力的发展，世界产品市场正逐步由卖方市场向买方市场转移，市场需求向多样化、个性化方向发展，市场划分越来越细，企业对市场变化做出反应的时间要求越来越短，市场机会稍纵即逝。同时，企业做出正确决策所需的信息量越来越多，也越来越详细，必然要求充分发挥基层组织的主动性和创造性，充分利用其自主权来适应他们所面对的不断变化的情况。

（2）如果决策集中在最高层组织，则传递有关决策信息的成本会越来越大，所需时间会越来越长，不利于企业对市场需求变动做出快速反应。

（3）即使最高层领导的经验丰富、判断力极强，但如果决策职能过于集中，则会造成其负担过重，陷入具体事务而不能脱身，也就没有时间做出更重要的决策。

为了更好地适应市场，发挥多样化经营的优势，企业应该及时调整组织结构。

 微软的英明之处——果断决策

一个成功的决策，等于90%的信息加上10%的直觉。

——（美国）沃尔森

1975年微软公司创立之初，当时的决策者比尔·盖茨和艾伦就敏锐地洞察到PC机系统软件将会有巨大的市场发展空间。

于是，他们果断地将企业的主导业务定位于PC机系统软

件的开发上,并且倾已所有,从一位发明家那里买下了 DOS 操作系统软件的版权。微软公司正是凭借对这套以 DOS 操作系统为基础的系列产品以及后来的 windows 操作系统的开发,迅速发展成为全球最大、市值最高的软件公司。

到了 20 世纪 90 年代,当互联网的大潮开始涌动时,微软公司的管理层又一次洞察到互联网的巨大商机,投入大量人力、物力开发出互联网浏览软件 Explorer。1997 年底,微软公司更是果断地以 3.5 亿美元的天价,购并了硅谷一家成立不足两年、员工仅有 26 人、主导业务仅为提供免费邮件业务的小公司——Hotmail 公司。

在谈判过程中,从接触到最终签约的时间不足 3 个月,微软公司董事长比尔·盖茨更是亲自出马,坐在谈判桌前,与仅有 20 余名员工的 Hotmail 公司年轻的创始人就购并条款进行面对面的谈判,创造了一个关于风险投资与企业购并领域的经典案例。微软公司也正是借助于 Hotmail 所带来的注册用户和迅猛增长的业务,使自己旗下的 www.msn.com 网站,一跃成为全球注册用户最多和访问量最大的三大网站之一。微软公司再一次执住了时代之牛耳。

优秀的企业管理者,应该具备果断决策的素质,凡是自己认定的事情就要立即采取行动。这样才能抓住成功的机遇。

相反,如果一个人对事物、工作缺乏一种积极的自觉、主动的态度,他们在选择行动目的时,则不太懂得它的重要意义,也不清楚可能的后果,经常是患得患失。因此,就很难做出正确的决断来。

一个人果断决策的力量,与这个人的许多方面有着密切的关系,比如才智、知识、判断能力、思考能力和对事物的理解能力等都是分不开的。一个人如果没有果断决策的能力,那么他的一生就像茫茫大海上的一叶孤舟,永远漂泊在狂风大浪的大海里,达不到目的地。

 修网还是找出破网原因——二八法则

把我们顶尖的20个人才挖走,那么我告诉你,微软会变成一家无足轻重的公司。

——(美国)比尔·盖茨

一座破旧的庙里住着两只蜘蛛,一只在屋檐下,一只在佛龛上。一天,旧庙的屋顶塌了,幸运的是,两只蜘蛛没有受伤,它们依然在自己的地盘上忙碌地编织着蜘蛛网。没过几天,佛龛上的蜘蛛发现自己的网总是被搞破。一只小鸟飞过,一阵小风刮起,都会让它忙着修上半天。它去问屋檐下的蜘蛛:"我们的丝没有区别,工作的地方也没有改变。为什么我的网总会破,而你的却

没事呢?"屋檐下的蜘蛛笑着说:"难道你没有发现我们头上的屋檐已经没有了吗?"

修网自然很重要,但了解网破的原因更重要。经常会看见忙得团团转的领导者,这些在管理中充当救火队员的领导者就像那只忙碌的蜘蛛一样,没有考虑过问题的根源是什么。

现代经济已进入高速发展的时期,而经济发展主要依靠管理和技术这两个轮子。在国外,经济学家认为西方工业现代化是"三分靠技术,七分靠管理"。众多的企业通过改进管理、创新求实成为世界知名企业。

管理者应该运用二八法则,把工作分出轻重缓急,条理分明,才能在有效的时间内创造出更多的财富。

二八效率法则同样适用于人力资本管理。实践表明,一个组织的生产效率和未来发展,往往决定于少数关键性的人才。基于此,如何构建高效率的人力资本管理制度就十分有意义。下面几项行动建议,供人力资本决策者参考,也许可助一臂之力。

（1）精挑细选，发现"关键少数"成员。

（2）千锤百炼，打造核心成员团队。发现"关键少数"成员十分重要，但更重要的是把"关键少数"整合起来，从中选择核心成员，建立决策、管理、创新工作团队。

（3）锻炼培训，提高"关键少数"成员的竞争力。

（4）有效激励，强化"关键少数"成员的工作动力。

运用二八法则管理人力资源，有可能使人力资本的使用效率提升一倍。

作为一名领导，必须懂得加强人的信心，切不可动不动就打击部属的积极性。应极力避免用"你不行、你不会、你不知道、也许"这些字眼，而要经常对你的下属说"你行、你一定会、你一定要、你会和你知道"。信心对人的成功极为重要，懂得加强部属信心的领导，既是在给你的部属打气，更是在帮助你自己获取成功。领导者不是独裁者，在领导之际，尊重人权，重视个体，友善地询问和关切地聆听相当重要。

金无足赤，人无完人。领导者过分苛求完美，下属们就会常常伴随着莫大的焦虑、沮丧和压抑。事情刚开始，他们就担心失败，生怕干得不够漂亮而不安，这就妨碍了他们全力以赴地去取得成功。而一旦遭遇失败，他们就会异常灰心，想尽快从失败的境遇中逃离。他们没有从失败中获取任何教训，而只是想方设法让自己避免让领导者失望。很显然，背负着如此沉重的精神包袱，他们是很难做出好的成绩的。

现代化管理学主张对人实行功能分析："能"是指一个人能力的强弱，长处短处的综合；"功"是指这些能力是否可转化为工作成果。结果表明，宁可使用有缺点的能人，也不用没有缺点的平庸"完人"。

所以，领导者在管理的过程中找到"关键少数"的成员是必要的，这就要求必须建立合理的制度，从而防止人员流失。此外，敢于启用优秀人才、淘汰不合格的员工、建立有效的激励机制，也是维持组织活力，保持组织核心竞争力的必要条件。

 买回短吻鳄的海因茨——快乐管理

事业不可能胜过幸福和快乐。

——（美国）谢里·拉扎鲁斯

海因茨要去佛罗里达旅行，这是他公司所有员工都知道的事情。大家对他说："好好玩一玩，你太累了，一年到头也难得轻松一回，这回就放心玩吧，公司有大家顶着呢！"

不久后，海因茨就回来了，而且没玩几天。

"怎么这么早就回来了？"大家以为他在外面碰到了不愉快的事。

"你们不在，没有多大意思。"他对大家说。

他指挥一些人在工厂中央安放了一只大玻璃箱，员工们纷纷过去看，原来里面有一只大家伙，是短吻鳄，重达800磅，身长

14.5英尺,年龄为150岁。

"怎么样,这个家伙看起来还好玩吗?"

"好玩。"许多人都说从来就没有看到过这么大的短吻鳄。

海因茨笑呵呵地说:"这个家伙是我这次佛罗里达之行最难忘的记忆,也令我兴奋,请大家工作之余一起与我分享快乐吧!"

原来,海因茨是为员工们买回来的,他不喜欢一个人观赏这个动物,就干脆把它买回来。这个海因茨就是亨利·约翰·海因茨——一个年销售额高达60亿美元的超级食品王国亨氏公司的创始人。

愉悦的老板肯定会有一个快乐的企业。在企业管理中,管理者有了快乐,别忘了与员工一起分享,这样才有利于进行团队建设,鼓舞士气,提高企业的凝聚力。

如果管理者想与员工分享快乐,不妨试试以下的做法:

1. 如果员工的工作单调，试试给工作添加些乐趣和花样。

2. 对于如何做工作，只给出一些提议，由员工自己选择去做。

3. 在企业里提倡并鼓励责任感和带头精神。

4. 鼓励员工之间互相协作。

5. 有很大的庆祝活动时，别忘记让员工参加。

6. 日常闲谈中多表示赞赏，让员工知道管理者是关心他的。

7. 在员工过生日时，给他一份礼物或让其休息，员工自然会对企业产生一种亲切感。

如果一个管理者能做到以上几点，视员工为企业的根本，那么，管理者就能更好地促进企业的发展。

三洋公司的"鲶鱼策略"——竞争意识

新经济时代，不是大鱼吃小鱼，而是快鱼吃慢鱼。

——（美国）钱伯斯

挪威人非常爱吃沙丁鱼，渔民们如能将活的沙丁鱼带到市场，不仅能吸引人们竞相购买，而且还可卖出高价，为此，渔民们想尽办法延长沙丁鱼的生存时间，却总不能成功。

然而，有一艘渔船却让沙丁鱼成功地活了下来，由于该船长对此秘而不宣，外人一直不知其做法。

直到他死后，秘密才被揭开，原来他在鱼槽里放了一条大过沙丁鱼几倍的鲶鱼，沙丁鱼放入鱼槽后，发现了鲶鱼，非常紧张，

于是左冲右突,跳跃不停,这么一来,沙丁鱼活蹦乱跳地被运回了渔港。

在企业管理中,这种"鲶鱼效应"被称为激励效应。对不同的人要采用不同的激励方法,或投其所好,或击其要害,均能激发员工的潜在工作能力,使其为企业的发展更加努力地工作。

只要组织招进了能干的人才,有的员工就会感到紧张,一紧张,他自然会积极进取,由此一来,整个团体就会生机勃勃。

日本三洋公司总经理三洋千代的用人之道可谓是"鲶鱼效应"的一个典范。1985年起,三洋公司陆续从丰田、松下、本田等公司引进了一些"鲶鱼",并且还聘用了一些精明能干、思维敏捷、富有朝气的年轻人，进而刺激了公司内部人员的危机意识，打破了公司内一潭死水的局面，带来的是人人努力奋进、一片欣欣向荣的景象。这种做法主观上培养了员工的竞争意识，进而激发了他们的生存竞争意识、创造潜能，客观上大大地提高了公司员工的办事效率，促进了公司的迅速发展。

人一旦没有压力，就会缺乏前进的动力，这是人性中的弱点。人的潜能是很大的，只有合理地开发引导，才能将之逐渐释放出来。因此，不妨在团队中放几条"鲶鱼"，提高员工的竞争意识。

在现代企业管理中，如何避开竞争对手的优势，找到对手的软肋，然后针对他们的软肋发起相应的竞争攻势，这就要掌握在竞争中求生存的4种方法：

（1）有清晰的目标。即使在竞争临头、压力巨大之时，也不能迷失最终目标。

（2）注意所有的选择。我们应当意识到一个问题有不止一种的解决方案。你要评估所有的选择，千万不要将所有的鸡蛋放在一个篮子里。

（3）感知能力。对职位在你之上和在你之下的人，给予同样的关注。无论是大老板还是车间工人，对他们给出的信息都要很敏感。

（4）缓解压力。压力太大的人是不能做出快速反应的。听音乐、做瑜伽、看球赛……要找到适合自己的解压方法。

 福布斯的用人策略——人尽其才

能用他人智慧去完成自己工作的人是伟大的。

——(美国)旦恩·皮阿特

福布斯集团的老板马孔·福布斯是一个十分善于用人的管理者。在福布斯集团工作,只要你有才干,你就能够被安排在合适的岗位上,让你大显身手。

大卫·梅克是一个才华出众的人,但他的管理风格让很多人都无法接受。他对人冷漠,从来不留情面,而且非常严厉。比如,在下属们忙着组稿时,他总会传话说:"在这期杂志出版之前,你们中有一个人将被解雇。"

听到这话,大家都很紧张。

有一次,一个员工实在紧张得受不了,就去问大卫·梅克:"大卫,你要解雇的人是不是我?"

没想到大卫·梅克竟说:"我本来还没有考虑谁将被解雇,既然你找上门来,那就是你了。"就这样,那名员工被解雇了。

但马孔·福布斯恰好看重大卫·梅克的才华和严厉,他将大卫·梅克放在总编辑的位置上。大卫·梅克在任总编辑期间,最大的贡献是树立了《福布斯》"报道真实"的美誉。在那之前,《福布斯》曾多次被指责报道不真实。

为了保证报道的真实性,大卫·梅克专门让一批助理去核实

材料。这些助理必须找出报道中的问题,否则就将被解雇。

《福布斯》在20世纪60年代就能够与《商业周刊》《财富》齐名,报道真实,正是其最大的竞争优势。

马孔·福布斯还有一个用人的典型例子就是对其亲弟弟的使用。

他的弟弟华里士·福布斯是哈佛大学的工商管理硕士,并且有一定的工作经验。作为一个家族企业,如果把华里士·福布斯委以重任,一点儿都不过分。

但马孔·福布斯让弟弟到投资部担任副主管,还亲自向投资部的主管雷·耶夫纳保证,投资部的事情全权交给雷·耶夫纳,

华里士·福布斯的职权仅仅限于处理业务。华里士·福布斯也高兴地接受了这样的安排，并且与雷·耶夫纳相处得很好。

马孔·福布斯这样安排，是因为他弟弟的长处在于企划方面，而不在于从事高层管理工作方面。

用最合适的人胜过用最优秀的人，精明的企业管理者对待人才要做的就是将合适的人才放在合适的位置上。

世间并没有一成不变的准则。面对不同的事物，我们需要不同的评判标准，对于人才的管理尤其明显。一个对其他企业相当有用的人对自己的企业来说并不一定有用，而把一个看似无用的人放对地方也许就能创造出意想不到的收益。

聪明的管理者应该学会发现人才的优点，使得人尽其才，尽量避免人才浪费。

松下的用人制度——用人不疑

用他，就要信任他；不信任他，就不要用他。

——（日本）松下幸之助

松下幸之助说："用他，就要信任他；不信任他，就不要用他。"松下幸之助是这么说的，也是这么做的。

松下每次观察企业内部的员工时，都觉得他们比自己优秀，当他对他们说"我对这事没自信，但我相信你一定能胜任，所以

就交给你去办吧"时,对方由于感觉受到重视,不仅乐于接受,而且一定能把事情办好。

1926年,松下电器公司首先在金泽市设立了营业所。金泽这个地方,松下没有去过,但是经过多方面的考虑,他觉得有必要在那里成立一个营业所。有能力去主持这个新营业所的高级主管为数不少,但是,这些老资格的人却必须留在总公司工作,以免影响总公司的业务。

这时候,松下想起了一个年轻的业务员,这个人刚满20岁。松下认为年轻并不意味着做不好。

于是,松下决定派这个年轻的业务员担任筹备金泽营业所的负责人。松下把他找来,对他说:"这次公司决定在金泽设立一个营业所,我希望你去主持。现在你就去金泽,找个合适的地方,租下房子,设立一个营业所。资金我已准备好,你拿去进行这项工作好了。"

听了松下这番话,这个年轻的业

务员大吃一惊。他惊讶地说:"这么重要的职务,我恐怕不能胜任。我进入公司还不到两年,等于只是个新来的小职员,也没有什么经验……"他脸上的表情有些不安。

可是松下对他有足够的信任,所以,松下几乎以命令似的口吻对他说:"没有你做不到的事,你一定能够做到的。放心,你可以做到的。"

事实证明,松下的判断没有错,这个员工一到金泽,就立即开展工作。他每天都把进展情况写信告诉松下。没多久,筹备工作就绪,于是松下又从大阪派去两三个员工,正式开设了这个新的营业所。

"用人不疑、疑人不用",管理者对下属就应给予充分的信任,以此来激发下属的积极性和创造性,从而达到获取最大人才效益的目的。

在实际工作中,管理者对下属表示信任的方式有很多种。

(1)在大庭广众之下,有意制造隆重的气氛,将最困难、最光荣的重要工作交给某个下属,使他觉得这是上级对他的最大信任。

(2)在下属发生某些工作失误,特意赶来向上级解释时,故意装作对此不感兴趣,打断他的汇报,并让他"好好休息",甚至还"额外"给他一点儿不过分的安抚和照顾,暗示他继续大胆干,不要为此而背上思想包袱。

(3)在听到别人对下属的不公正非议时,当即旗帜鲜明地予以驳斥，并且一如既往地任用下属。

（4）不以一时的胜败论英雄。在下属屡遭挫折，工作进展不大时，绝不因此而抹杀他过去的功绩，怀疑他固有的才能，草率地中途换人，而是及时向下属提供必要的支持和帮助，消除他心中的阴影和疑点，尽快帮助他恢复战胜困难的信心和勇气。

（5）有意"免检"下属从事的某项工作，甚至对下属在工作中偶尔出现的小过失佯装不知，只要下属能知错改错，不再重犯，就不予细究。通过这种宽容的做法，使下属切实感到管理者对他的充分信任。

（6）在制订计划以及执行、检查、总结等管理过程中，管理者应尽量鼓励下属参与这些活动，让他们充分发表自己的意见。通过最大限度地满足他们愿意参与的心理，来增强他们对管理者的信任感。

（7）有时间就找下属随便聊聊，在闲聊中，应有意识地表示自己理解下属的工作动机和所作所为。这种在日常接触中培养起来的信任关系，往往比正式谈话中建立起来的感情更亲密、更自然，也更牢固。

（8）当下属确实因某些客观原因而遇到挫折和失败时，管理者应敢于承担自己的责任，绝不可不分青红皂白地将责任全部推到下属身上，让下属充当替罪羊。只有下属具有安全感，才能真正感受到上级对他的充分信任。

 ## 索尼公司的内部跳槽——鼓励竞争

以爱为凝聚力的公司比靠畏惧维系的公司要稳固得多。

——(美国)赫伯·凯莱赫

有一天晚上,索尼公司董事长盛田昭夫按照惯例走进员工餐厅与员工一起就餐、聊天。他多年来一直保持着这个习惯,以培养员工的合作意识及与他们的良好关系。

这天,盛田昭夫同往常一样在餐厅吃饭,他忽然发现一位年轻员工郁郁寡欢,闷头吃饭。于是,盛田昭夫就主动坐在这名员工对面,与他攀谈。

几杯酒下肚之后,这位员工终于敞开了心扉:"我毕业于东京大学,有一份待遇十分优厚的工作。进入索尼之前,我对索尼公司崇拜得发狂。当时,我认为进入索尼,是我一生的最佳选择。但是,现在才发现,我不是在为索尼工作,而是在为课长干活。坦率地说,我的这位课长是个无能之辈,更可悲的是,我所有的行动与建议都要由课长批准。我自己的一些小发明与改进,在课长眼里却成了'癞蛤蟆想吃天鹅肉',对我来说,这名课长就是索尼。我十分泄气,心灰意冷。这就是索尼?这就是我崇拜的索尼?我居然放弃了那份优厚的工作来到这种地方!"

这番话令盛田昭夫十分震惊,他想,类似的问题在公司内部员工中恐怕不少,管理者应该关心他们的苦恼,了解他们的处境,

不能堵塞他们的上进之路，于是产生了改革人事管理制度的想法。

盛田昭夫立即着手处理这件事情，不久后，索尼公司开始每周出版一次内部小报，刊登公司各部门的"求人广告"，员工可以自由而秘密地前去应聘，他们的上司无权阻止。另外，索尼公司原则上每隔两年就为员工调换一次工作，特别是对于那些精力旺盛、干劲十足的人才，不是让他们被动地等待工作，而是主动给他们施展才能的机会。

在索尼公司实行内部招聘制度以后，有能力的人才大多能找到自己中意的岗位，而且人力资源部门可以很容易地发现那些流出人才的上司所存在的问题。

作为管理者，就应该鼓励内部竞争。只有鼓励内部竞争，才能冲破惰性和陈腐势力的束缚，营造一个"人人争当先进"的良性竞争局面。

鼓励竞争的方法多种多样，常见的有以下4种：

1. 果断起用有竞争力的人才，尽量避免"掐尖行为"

在"掐尖行为"最猖獗的时候，有魄力的管理者为了迎头反击习惯保守势力的"掐尖行为"，往往干脆采取"及时起用"的用人战术，十分果断地将业绩突出的人才尽快提拔到关键性的工作岗位上来，造成既成事实，使热衷于造谣中伤的人自感没趣，被迫偃旗息鼓，草草收兵。采用此法的关键在于事前要做好必要的考察了解工作，必须看准冒尖者。

2. 在关键时刻公开宣传具有竞争力人才的业绩

具有竞争力的人才感到最痛苦和难熬的时期，就是刚取得一些突出业绩，立即招来满城风雨的微妙时期。面对歪风，一个有正义感的管理者绝不能袖手旁观，无动于衷，此时此刻，他对具有竞争力的人才最有力的鼓励和支持，莫过于选择一个适当的场合向全体员工公开宣传这些人才的业绩。这样做，往往能收到澄清事实、驱散流言、主持公道、鼓励竞争的奇效。

3.对业绩显著的人才给予适度的表彰和鼓励

在精神和物质上给富有竞争力的人才以适度的鼓励，不仅有利于鼓舞少数竞争者的斗志，激励他们更快地成长，而且也在公众面前树立起一批具有说服力和示范作用的榜样。

鼓励竞争时，管理者必须善于选择最有效的鼓励手段，最关键的鼓励时刻，最合适的鼓励场合，并且掌握最合理的奖励分寸，以此来扶植一大批有发展潜力的人才，并通过他们，带动更多的下属投入到良性的竞争之中。

为一个人才买下一家公司——留住人才

一个公司要发展迅速得力于聘用好的人才，尤其是需要聪明的人才。

——（美国）比尔·盖茨

福特汽车公司闻名于全世界，该公司有许多长处，其中一点就是非常重视人才。

一次，福特公司有一台马达坏了，公司所有的工程技术人员都没有办法修好，只好另请高明。

这个人叫思坦因曼思，曾是德国的工程技术人员，到美国后，一家小工厂的老板非常看重他的才能并雇用了他。

福特公司把他请来，他在电机旁听了听，于是要了一架梯子，一会儿爬上去，一会儿爬下来，最后在马达的一个部位用粉笔划了一道线，写上几个字："这儿的线圈多了16圈。"

果然，把这16圈线圈一去掉，电机马上又运转正常。亨利·福特因此对这个人非常欣赏，一定要把他聘请到福特公司来。

思坦因曼思拒绝福特说："我所在的公司对我很好，我不能见利忘义，跳槽到福特公司来。"

福特马上说："我把你供职的公司买过来，你就可以来工作了。"

最后，福特为了得到一个人才，竟不惜买下一家公司。

优秀的人才是企业重要的竞争力所在,因此管理者为了企业的发展,必须采取积极的措施留住人才。

下面是一些留住人才,使之发挥积极性的办法,具有很好的参考价值:

(1)委以更多的责任。

(2)付给丰厚的报酬。

(3)时常与他们谈一谈工作,取得认同。不过这些简单的方法还不能杜绝大部分企业里发生的人才外流现象。优秀的人才总是不断离开原来的企业而另攀高枝,不要忘记有的时候你是无能为力的。

(4)努力挽留要离去的人才。如果一个优秀的员工离开企业去接受另外一份工作,他的老板竟因全然不知而大吃一惊,这实际上是该企业管理不善的一个信号。企业里面应该有人事先就觉察到,并做出努力使这位不得意的员工回心转意。

(5)管理者要和人才交流思想。如果说一个经理有责任对其助手的思想状况敏感地做出反应,那么这个责任是两方面的:作为员工,他们应该向上级诉说自己的思想波动和要求;上级虽然难以探测他们的内心秘密,起码应该使员工能够接近自己,并使员工暴露他们的思想动态。

(6)快速提拔。有时候,管理者会有幸得到这样一个员工:其能力极高,以至于没有人怀疑他是否会沿着台阶一直升上去,问题只是升到什么位置以及以什么样的速度上升。管理者在提拔这样的员工时一定要多动脑筋，因为他很可能会给你的企业带来破坏。如果没有处理好这个问题，你不仅会失去他，同时还会得罪其他留在企业里的员工。不用说，这是一个高级的烦恼，但是不要轻视它。

（7）重视有前途的年轻人。在任何一家企业里，新聘用的那些刚刚大学毕业的优秀生最容易跳槽。他们是企业花了很大力气去争取的人才，是具有远大前程的人才。但令人悲哀的是，他们也是最容易被各个企业忽视的人才。

解决的办法是：在最初的 12 个月，将新员工看成是一笔投资。在这 12 个月里，观察、培训他们，让他们有机会接触企业最有能力的员工，促使他们负责一些稍稍超过其能力的项目。就像投资一样，这一项投资你不要希望立刻就收回利润。其实，他们在企业里待得时间越长，企业管理者所得到的回报就越高。

第七章

经商有风险，心态是关键

从天堂到地狱和旅鼠现象——勿盲目跟风

对于一艘盲目航行的船来说,所有的风都是逆风。

——谚 语

故事一:

有一个石油勘探者,死了以后去阴间报到,他到一个路口看到一条路是去地狱,一条路是去天堂。他想:我这个人一辈子都不错,应该是去天堂,他就沿着天堂的路标一直走,终于找到了一个专门接收石油勘探者的大院。但是在门口守着的圣彼得说:"你倒是有资格进这个院,问题是这里面满了,一个位子都没有了,因此,对不起,你可能得去地狱了。"这个勘探者说:"能不能让我跟里面的人说一句话?"圣彼得说:"这个可以。"他就大声地喊道:"地狱发现石油了!"然后在里面的那些石油勘探者就蜂拥而出到地狱找石油了。这个时候圣彼得说里面空了,你可以进来了。然而这个人在那儿犹豫了半天,想进又止住了,他想了想以后说:"算了,我还是跟他们走吧,没准儿那儿确实有石油。"

故事二：

有一种动物叫旅鼠，这种旅鼠是群居生活，而且繁殖量特别大。它们经常是一大群的旅鼠生活在一块儿，但是它们每年都要迁移。往哪儿迁移也不知道，反正有带头的，往哪儿走后面一堆就跟着去了。最后走到了海边，一看是大海干脆就跳到海里边，在海里边也没有目标，于是游啊游，最后死在了海里。

投资中也存在这种旅鼠现象，也就是投资者像旅鼠一样毫无目的地追随大众选择时机和选择股票，从而引起股价大幅波动，结果使自己损失钱财。特别是相当一部分人投资理财时有"跟风"

的趋势。比如说看别人炒房挣了钱,自己也去买房准备出售;听说别人炒股赚了,也赶紧去买股票;发现买基金的人不少,也去当一回"基民"。盲目跟风是常见的一种投资心态。这是指投资者在自己没有分析行情或对自己的分析没有把握时,盲目跟从他人的心理倾向。心理学家认为,每个人都存在着一定程度的跟风心理。特别是在股市上,股市交易上的交易气氛,往往会或多或少地对投资人的决策产生一定的影响。到证券公司营业部现场从事交易的投资人,大概都有过被交易气氛所左右,最后身不由己地跟着气氛买进或者卖出的经历,因为投资人一般都不会拿自己的血汗钱去冒险。这种股民盲目跟风的心理决定了股市气氛。盲目跟风往往使投资人做出违反其本来意愿的决定,如果不能理智地对待这种从众心理,在错误思想的引导下做出错误的决定,则会造成严重的后果。

因此,为了规避炒股风险,维持股市的稳定,投资者必须克服盲目跟风的心理。要克服盲目跟风的心理,首先必须掌握必要的股市基础分析和技术分析方法,对股市进行深入的研究,取得自己独立的见解。同时要加强自律,避免临时改变主意,要按自己的本来意愿操作。有的投资者总是跟在别人后面走,别人买他也买,别人卖他也卖。更有甚者,有的人干脆把钱交给别人,由他人代为操作,从不研究股市的动态,也不想为投资股市投入丝毫的精力,而心里却企图获得暴利,这是非常不现实的。投资者若想在股市生存和发展,必须下功夫研究股票投资知识,亲身下到"股海"中去学游泳,以此培养自己的分析能力,提高自己的操作水平,在实践中掌握股性,享受成功的喜悦,体验失败的痛苦。

猴子偷食——勿贪婪

贪婪的人饱不了,吝啬的人富不了。

——谚 语

在北非有一种猴子,非常喜欢偷食农民的粮食。当地农民发明了一种捕捉猴子的巧妙方法:把一只葫芦形的细颈瓶子固定好,系在大树上,再在瓶子中放入猴子们最爱吃的花生,然后等待猴子来偷花生。

到了晚上,猴子来到树下,见到瓶中的花生十分高兴,就把爪子伸进瓶子去抓花生。这瓶子的妙处就在于猴子的爪子刚刚能够伸进去,等它抓一把花生时,爪子却怎么也拉不出来了。贪婪的猴子绝不可能放下已到手的花生,

就这样，它的爪子也就一直抽不出来，它就死死地守在瓶子旁边。直到第二天早晨，农民把它抓住的时候，它依然不肯放开爪子，直到把那花生放进嘴里才罢休。

许多人都会认为，那是愚蠢的猴子才会干的事情，聪明的人类怎么会上当，如此贪婪，甚至连命都不要呢？是的，聪明的人是不会为一把花生冒险的，但是，如果把花生换成股市里的巨额金钱呢？那么，像猴子一样吃亏上当、贪婪的人就不在少数了。

贪婪是情绪反应的另一极端，它在股市上的表现就是在最短的时间内赚很多的钱。谁都不会说自己的钱够用！在日常生活中，谁听说过有人嫌工资太高、福利太好的吗？无论得到什么、得到多少，人们总会编出理由来证明自己应该得到更多。这一方面出自人这种动物对争夺生存资源的自然反应，另一方面源自对自己的无知。在股票投资上，这种情绪是极其有害的。

首先，它会使人失去理性判断的能力，不管股市的具体环境，都勉强入市。不错，资金不入市不可能赚钱，但贪婪使人忘记了入市的资金也可能亏损。不顾外在条件，不停地在股市跳进跳出，是还未能控制自己情绪的股市新手的典型表现之一。

贪婪也使投资人忘记了分散风险。脑子里美滋滋地想象着如果这只股票翻两倍能赚多少钱，忽略了如果股票跌了该怎么办。新手的另外一个典型表现是在加股的选择上。买了500股20元的股票，如果升到25元，就会懊悔：如果当时我买1000股该多好！同时开始想象股票会升到30元，即刻又追涨买2000股，把绝大部分本金都投入到这只股票上。假设这时股票跌了5元，一下子从原先的2500元利润变成倒亏2500元。这时投资者失去思考能力，希望开始取代贪婪，他希望这是暂时的反调，股票很快就会回到上升之途，直升至30元。他可能看到亏损一天天地加大，每天都睡不好。

其实加股并不是坏事，只是情绪性地加股是不对的，特别在贪婪控制人的情绪时。是否被贪婪控制，自己最知道，不要编故事来掩饰自己的贪婪。

总之，要学会彻底遏制贪婪，要学会懂得放弃，有"舍"才有"得"，舍去一把"花生"，才能得到一条"性命"；舍弃无数的理念，才能用有限的生命、有限的时间，一心得到巴菲特价值投资理念的真谛，才能得到更多的"花生"。

普洱"地震"——勿投机

只有在潮水退去的时候，你才知道谁一直在游泳。

——（美国）沃伦·巴菲特

2007年7月初，普洱茶降价潮席卷全国，各类品种价格普遍下跌了20%～50%。"疯狂"的普洱茶终究没能"疯"多久，2007年3~4月价格暴涨，有的品种甚至到了有价无市的地步，不少炒家用麻袋装着现金在树下等着茶农采摘新茶，到2007年7

月价格狂跌，普洱茶市被形容成遭遇"地震""崩盘"，不过短短两三个月时间。

实际上，这是刚开始就应预见到的结果。普洱茶，说到底也就是一种茶，普通的消费品，算不上稀有罕见，也没有什么特别的医疗保健功能可使其身价让其他茶叶望尘莫及，至于有的品种像国家级古董、文物那样"有价无市"，就更是有违市场规律。这个道理不难想明白，普洱茶市场上的泡沫也不难识破，但不少人眼里只看到别人赚钱了，心里只想着自己也要发财，于是不顾一切地扎进去，跟风炒普洱，结果损失惨重。

投机不等于投资。投机成功，往往使人一夜暴富。然而，天底下从来就不存在包赚不赔的买卖，投机既然有如此高利益的回报，就必然存在着更高的风险。一旦投机失败，可能连本带利赔光，甚至可能欠下巨额债务。

巴菲特在投资过程中一直坚持着一个原则：要投资而不要投机。这也是他的投资哲学。

巴菲特不是靠在股市上低买高卖、炒作股票成为巨富的，恰恰相反，他一贯坚决反对投机炒作。有些投资者，幻想通过炒作每年从股市上赚30%甚至更多,若干年后,也就成为"巴菲特第二"了，这是一个严重的误解。巴菲特控股的上市公司的平均收益率，确实在几十年的漫长时间里，保持了23.6%的增长速度，但这种增长不是靠市场炒作获得的，而是靠公司扎扎实实的业绩得来的。

巴菲特致富的核心武器是投资，而不单单是长期持股。巴

171

菲特笃信投资，一贯反对投机。他鼓励长期投资，确实长期拥有几只股票，但前提是这些企业真正值得长期投资。他完全不会接受投资风险，只有在确认没有任何风险的前提下才会出手。他认为如果一项投资有风险，要求再高的报酬率也是没用的，因为那个风险并不会因此而降低。他只寻找风险几乎接近零的行业和公司。

他在给股东的年度报告中明确地说："我不会拿你们所拥有和所需要的资金，冒险去追求你们所没有和不需要的金钱。"

巴菲特认为，投机是不可取的。对个人投资者来说，投机风险太大。由于投机强调的是低买高卖，投资者很容易浪费时间和精力去分析经济形势，去看每日股票的涨跌。投资者花的时间越多，就越容易陷入思想的混乱并难以自拔。但在巴菲特看来，股票市场短期而言只是一个被投资者操纵的投票机器，而投资者的投资行为又都是非理性的，所以根本没法预测。而股票市场长期而言又是一个公平的天平，如果投资者购买的企业有潜力，那么长期来看企业价值必然会体现在股票价格上。所以巴菲特认为最好的方法就是以低于企业内在价值的价格买入，同时确信这家企业拥有最诚实能干的管理层。然后，永远持有这些股票就可以了。

投资才是致富的真谛，而并非是投机。巴菲特在股市的成功，依靠的是他对基本面的透彻分析，而非对消息的巧妙利用。投资者一定要明白这一点。

 ## 看清"市场先生"的游戏——远离市场

不做研究就投资,和玩扑克牌不看牌面一样盲目。

——(美国)彼得·林奇

多年来,巴菲特远离喧嚣的华尔街住在奥马哈位于美国中部的内布拉斯加州的一个不大的城市。巴菲特常用的通讯工具就是两部电话,可以在必要时与不同的经纪人进行联系。

虽然巴菲特的投资帝国在不断发展壮大,但他说自己的投资策略多年来却几乎没有改变。巴菲特称,他把一天中的大部分时间用来思考和阅读。巴菲特的日程中从不安排会议。他很善于说"不",了解自己喜欢什么。不管他做什么,结果都好得令人难以置信。日常,他喜欢坐在办公室里阅读和思索。他还有一些更喜欢做的事情,但是肯定不多。他常年居住在宁静的奥马哈——他出生的地方。他已同一群人交往熟了,所以他喜欢和这些人共处。他非常热爱自己的工作,与人谈起自己的工作时,他的态度也很谦虚平和。他感觉自己十分幸运,因为生而逢时,自己的才能可以获得如此高的认可。假如生活在其他的年代,他的技巧可能不会派上用场。

巴菲特习惯于一天大部分时间都待在自己的办公室里。办公室里没有电脑,也没有股票报价机或其他股票数据终端。电视机被调在了播放财经新闻的CNBC频道上,不过声音被关掉了。虽然他有时候在路上会带着手机,但他在办公室里从来不用。办

公桌上没有计算器,他的计算大多数都是在脑子里完成的。他说,他的大部分投资决策并不需要很准确的数字作依据。在他办公桌后面的小柜子上有两部黑色电话机,直通他在华尔街的经纪商。

巴菲特能迅速地做出投资决策,省去了例行的决策会议以及顾问们建言献策的程序,他也不要求手下的经理们经常向他汇报工作。

巴菲特本人具有非凡的创造力、高尚的品格、敏捷的反应以及大家都喜欢的幽默感。多年来,那些与他一起共事的数十位企业经理,除了退休或者病故之外,都一直追随着巴菲特。

在伯克希尔公司1995年年度报告中,巴菲特说:"伯克希尔公司在1995年通过企业收购接收了1.1万名新雇员,但是,我们

总部的工作人员只从11个人增加到12个人，没有必要疯狂。"

到了1998年，他的确有点发疯，总部有12.8个人，这一年的公司年报写道："总部的工作人员已经从12个人扩大到12.8个人（我们聘用了一名新的会计师，他每周工作四天）。到了2000年，总部有13.8个人。"在2000年伯克希尔公司年报中，巴菲特这样写道："这个小小团队创造了很多奇迹。2000年，它处理了与8个企业收购活动有关的全部细节，编制了大量的纳税申报表（我们的纳税申报材料厚达4896页），顺利举办了一场门票数量为2.5万张的股东年会，并把支票准确送达股东所指定的3660家慈善机构。"

巴菲特在他的办公室里阅读、打电话，同他的经理们、朋友们和经纪人保持着联系，通常用简短而又风趣的短信回答那些如雪片般飞来的信件。他非常喜爱信件，认真阅读每一封来信。有时候，甚至在助手们还未来得及把信件转交给他时，他自己就先取走信件。巴菲特出门在外时，由行政助理每天晚上打电话通报他当天新来的信件。

没有客人来访时，巴菲特就埋头工作，常常在办公桌旁吃饭，巴菲特一向以他最爱吃的汉堡包、薯条和可口可乐作为午餐，外加少量的牛排和双份的红烧肉。公司的大量工作都是在办公室完成的。

在描述伯克希尔公司的企业收购策略时，巴菲特曾对股东们说："收购策略非常科学。我们只需坐在办公室里等电话就行了。偶尔有人打错电话。"

有一次,在巴菲特向内布拉斯加大学的学生们发表演讲之前,有人问他:"你在这里是否需要安全保护?"

他的回答是:"我们不需要任何安全保护,只要求在门口检查出席者是否携带无核小果(原子弹)。"

巴菲特办公室里一直有一个飞镖盘,他说那是他的选股器:"它不好使,我打算把它送给比尔·盖茨,让他拥有飞镖盘,这样我们就可以让他位居第二。"

对于巴菲特来说,股市的价格波动只是"市场先生"的游戏而已,它所能提供的是在"市场先生"情绪低落时给出的令人满意的报酬。他也确实常在股价大幅回落时大量买进自己了解的公司的股票。但是巴菲特认为,在他购买了某只股票之后哪怕证券市场关闭数年,对他的投资也不会造成影响,因此,他对股价平时的波动根本不关心,也不在意。所谓工夫在市场外,巴菲特远离了市场,他也由此战胜市场。

亚历山大的鞋店——产品人性化

质量是维护顾客忠诚的最好保证。

——(美国)杰克·韦尔奇

亚历山大的鞋店开在城中心的商业街。商业街大小商铺鳞次栉比,各类商品琳琅满目,因此顾客如织,客源不断。不过,顾客往往看得多买得少,再加上商业街店租成本不菲,亚历山大的经营一度非常艰难。

亚历山大深知,要从竞争激烈的商业街杀出重围,不花点心思很难做到。不过,既然敢在此花血本租下旺铺,亚历山大也有他的把握。

对消费心理学有过深入研究的亚历山大明白,要获得顾客的青睐,必须要赋予产品以情感。亚历山大认为,市场既是店铺之间交战的战场,也是与消费者进行感情交流的场所。而要战胜对手,获得消费者的青睐,必须让自己的产品与众不同。

亚历山大经过调查与思考,认为当今很多消费者购买鞋子已不仅仅出于防冻和护脚的需要,而更多是为了显示个性和生活水准。"价廉""质高"的老一套经营方式已不是产品畅销的唯一法宝了。所以,要促进鞋的销售,必须使鞋子像演员一样体现出不同的个性、不同的情感,以其独特鲜明的形象、独特的魅力吸引众多的"观众"。

于是,亚历山大决定实施一种人性化的营销模式。具体而言,亚历山大决定发挥自己的创意元素,打造独一无二的"情感鞋"。

亚历山大首先在进货时就有意挑选有特色风情的鞋,同时聘请了几个美术学院毕业的学生兼职，按照自己或顾客的创意，对简单的鞋子进行一些小的改造，对鞋子本身以及它的包装都进行了个性化的"彩绘"处理，改变传统鞋类单一的设计风格，将设计风格引向多元化。而在陈列方面，亚历山大分化出"男人味"和"女人味"、"狂野"和"优雅"、"老练"和"青春"等不同风格的鞋子，在款式、色彩的配置等方面使鞋子的风格趋于多元化。

同时，亚历山大还给每双鞋取了一个独特的名字，诸如"爱情""愤怒""欢乐""眼泪"等，有名字的鞋子仿佛有生命的物体，令人耳目一新，回味无穷。这些情感的表现形态，有式样的别致性，也有色彩和谐性；有简繁之别，也有浓淡之分。这些充满生命和情感特征的"情感鞋"，在不同消费层次中广泛宣传，迎合了不同顾客的需求。

果然，带有不同情感的"亚历山大"式"情感鞋"，在消费者当中广为流传，不少顾客都慕名来到亚历山大的小店，想要寻找一双属于自己的"情感鞋"。而亚历山大也凭着"给产品赋予感情色彩"的诀窍，为自己的小店带来了持续的销售高潮。

亚历山大的鞋店除了提供质优价廉的鞋子外，最大的制胜点还在于"情感鞋"的定位。每一双充满人情味的鞋子，给顾客带来的不仅仅是防冻、护脚的体验，更重要的是让鞋子与顾客的个性融为一体，让顾客的装扮更具生命力和情感特色。

产品刚投入市场时，最先靠的是产品的独特性和价格优势，随之而来的是质量的角逐。然而，随着市场竞争的激烈，市场中同类产品趋多，产品质量相差无几时，单纯靠价格和质量已经不容易打开产品的销路，这时就要采用更高级的营销战术，通过剖析顾客的情感心理，从而达到更好的营销效果。

优秀的营销懂得超前而正确地把握消费者的心理需要，对消费者的个性化需求做出积极的响应。成功的营销不仅仅是提供实用实惠的产品，还要使自己的产品具有人情味，让每一个产品都有自己的生命，以其独特的款式、包装、色彩、名称等吸引消费者。这样可以促使消费者对产品产生喜爱之情，用购买的产品来标榜自己的独特个性。

 福特公司的抽奖活动——活动促销

> 卓越的人一大优点是：在不利与艰难的遭遇里百折不挠。
>
> ——（德国）贝多芬

活动促销是一种常用的促销手段，通过举办与产品销售有关的活动，吸引顾客的注意与参与，能够有效地促进产品的销售。

20世纪70年代，美国经济不景气，人们的收入水平普遍有所下降，各家庭已经不再像从前那样经常频繁地购买和更换汽车了。几乎所有汽车公司的汽车销售量都有所下降，福特汽车公司的领导人意识到，如果不设法开创新的局面，公司的前景将会非常黯淡。

福特汽车公司在经过一番仔细的市场调研之后，发现最有可能购买福特汽车的客户，是那些已经拥有了福特汽车的家庭，因为他们了解并信任福特汽车的品质和性能，在接受调查时都纷纷表示如果有可能，愿意再买一辆新的福特汽车。于是，福特汽车公司决定将这次促销的目标顾客定位在过去4年中所有已经购买了福特汽车的老客户。

为了吸引这些老客户，福特汽车公司在全国各大主要媒体，例如报纸、电视台、广播等上进行了铺天盖地的广告宣传，向他们发出了福特汽车促销的信息；同时，为增加对老客户的吸引力，福特公司还专门设置了80万个奖项，希望老客户光顾福特汽车的各家专卖店，借此来制造福特汽车热销的浪潮。具体安排促销内容如下：

（1）向老客户直接邮寄函件，里面附有当地经销商的汽车维修折价券。

（2）在向老客户直接邮寄函件的同时，寄出数以万计的抽奖券，并在抽奖券上说明此次奖品共计1000万美元，欢迎大家踊跃参加。

（3）在广告宣传中说明头等奖赠送两辆福特汽车，此外还有许多其他的奖品。如果所中的奖品没有被领走，可以继续抽奖，直到被领走为止。

福特汽车公司开展这次抽奖促销活动的目的，一方面是为了增加福特汽车的销售量，另一方面也可以促进福特汽车的维修业

务,了解用户对福特汽车的意见,加强同汽车专卖店的联系,使这些专卖店积极配合福特汽车公司的促销活动。

抽奖促销活动举行之后,福特汽车公司的上述各项目标基本实现,有的甚至出人意料。例如,有超过30万的新老顾客前往福特汽车公司的各家专卖店参观展览,大约有10%的人购买了新的福特汽车,使福特汽车的销售量比上年增加了30%;同时,经销商的参与率也比上一年增加了1倍多,从而大大提高了福特汽车公司的知名度,加深了福特汽车在消费者心目中的印象。

福特公司采用的是活动促销中的"抽奖促销",通过抽奖的方式,吸引顾客的注意与参与。抽奖与促销是指顾客在购买商品或消费时,对其给予若干次奖励机会的促销方式。可以说,抽奖与摸奖是消费加运气并获得利益的活动。这种促销活动的其他形式还有很多,例如刮卡兑奖、摇号兑奖、拉环兑奖、包装内藏奖等。

除了抽奖促销外,活动促销还包括新闻发布会、商品展示会、娱乐与游戏、制造事件等。

(1)新闻发布会,活动举办者以召开新闻发布的方式来达到促销的目的。这种方式十分普遍。它是利用媒体向目标顾客发布消息,告知商品信息以吸引顾客积极去消费。

(2)商品展示会,通过举办展销会、订货会或自己召开产品演示会等方式来达到促销的目的。这种方式每年可以定期举行,其不但可以实现促销的目的,还可以沟通网络,宣传产品。这种方式亦可以称为"会议促销"。

(3)娱乐与游戏,通过举办娱乐活动或游戏,以趣味性和娱乐性吸引顾客并达到促销的目的。娱乐游戏促销,需要组织者精心设计,不能使活动脱离促销的主题。特别是当产品不便于直接广告的情况下(如香烟),这种促销方式更能以迂为直,曲径通幽。如举办大型演唱会、赞助体育竞技比赛、举办寻宝探幽活动等。

(4)制造事件,即通过制造有传播价值的事件,使事件社会化、新闻化、热点化,并以新闻炒作来达到促销的目的。"事件促销"可以引起公众的注意,并由此调动目标顾客对事件中关系到的产品或服务的兴趣,最终达到刺激顾客去购买或消费。如果制造出的事件能够引起社会的广泛争议,那么,"事件促销"就会取得满意的结果。

 航空公司的客户满意度——客户投诉

客户是上帝。

——谚 语

一些客户的"叛离"原因很简单，仅仅是因为他们的投诉没有被处理好。

曾有一段时间，英国某一家航空公司发现乘坐该航空公司飞机的乘客越来越少。后经调查，发现乘客越来越少的原因主要是公司不能很好地处理乘客的抱怨。而客户的抱怨主要是因为航空公司有许多的规定没有让乘客知道，乘客在旅行过程中妨碍了乘务人员的工作，乘务人员就责怪乘客。

根据航空公司对客户作的调查，如果对客户的抱怨处理得当，67%的抱怨客户会再度搭乘该航空公司的班机。平均一个商务乘客，一生如果都搭乘该公司的航班，可创造约150万美元的营业额。照这么算，那么任何能改善客户服务的做法，都是最好的投资。所以，该公司针对客户的抱怨做了以下的补救措施：

第一，装设了录影房间，不满意的客户可以走进该房间，直接通过录像向航空公司总裁马歇尔本人抱怨。

第二，耗资679万美元，安装了一套电脑系统来研究客户的喜好。航空公司再针对客户的喜好做出理想的服务方式。

第三，设立品质服务专员。航空公司设定服务品质标准，由

专门的服务人员监督和实行。品质服务专员的任务就是搜集客户的抱怨、分析客户的抱怨、解决客户的抱怨。

经由以上的措施，航空公司的客户满意度从45%提升到60%，空载率明显减少了。

其实，客户向企业提出投诉是对企业的信任，因为他们相信企业能够为他们解决问题，同时也是客户给企业一个补救的机会。也就是说，如果企业此时能够用心地帮助他们排除困难，大多数客户最终还是会选择留下来的。

那么，在处理客户投诉时究竟要注意哪些问题呢？简单地归纳为如下几点：

1. 对客户投诉的跟踪

无论是客户亲自来访投诉还是打电话投诉，处理时都必须做好记录，每一笔记录都必须跟进完毕。管理层每日必须查看客户投诉的记录，并对超过一天未能解决的问题予以关注。

2. 客户投诉每周总结

每周对客户的投诉进行总结，总结各类引起客户投诉的原因，列出赔偿金额。

3. 客户投诉日总结

每日晨会或周会上固定分享客户服务方面的信息，特别是处理客户投诉方面的经验和教训，使所有的人员都知道如何对待客户的抱怨和掌握处理客户投诉问题的技能。

4. 定期总结

发掘在处理客户抱怨中出现的问题：若是产品质量问题，应该及时通知生产方；若是服务态度与技能方面的问题，应该向管理部门提出，加强教育与培训。

5. 追踪调查客户对于抱怨处理的态度

处理完客户的抱怨之后，应与客户积极地沟通，了解客户对于企业处理的态度和看法，增加客户对企业的忠诚度。

投诉问题的解决需要自上而下的配合与努力，而这个"疑难杂症"的解除必将使得客户的满意度、忠诚度提升。维护客户的忠诚是个细致且复杂的工作，需要多方面的努力，而处理好客户的投诉问题绝对是个重要的细节。投诉的问题解决了，企业的信誉度也就提高了。

争与不争有差别——合作态度

一致是强有力的，而纷争易于被征服。

——《伊索寓言》

销售员："您好，我想同您商量有关您昨天打电话说的那张矫形床的事，您认为那张床有什么问题吗？"

客户："我觉得这种床太硬。"

销售员："您觉得这床太硬吗？"

客户："是的，我并不要求它是张弹簧垫，但它实在太硬了。"

销售员："我还没弄明白。您不是原来跟我讲您的背部目前需要有东西支撑吗？"

客户:"对,不过我担心床如果太硬,对我病情所造成的危害将不亚于软床。"

销售员:"可是您开始不是认为这床很适合您吗?怎么过了一天就不适合了呢?"

客户:"我不太喜欢,从各个方面都觉得不太适合。"

销售员:"可是您的病很需要这种床配合治疗。"

客户:"我有治疗医生,这你不用操心。"

销售员:"我觉得你需要我们的矫形顾问医生的指导。"

客户:"我不需要,你明白吗?"

销售员:"你这个人怎么……"

从上面的例子中可以看出，这位销售员在解决客户的投诉时，首先要面对的肯定是客户的病情与那张矫形床的关系，若说话不慎就可能触及客户的伤疤，让他不愉快，那么即使他非常需要也不愿意对你做出让步。客户提出投诉，意味着他需要更多的信息。销售员一旦与客户发生争执、拿出各种各样的理由来压服客户时，他即使在争论中取胜，却也彻底失去了这位客户。

为了使推销有效益，你必须尽力克制情绪，要具备忍耐力，要不惜任何代价避免发生争执。不管争执的结果是输是赢，一旦发生，双方交谈的注意力就要转移，而客户由于与你发生争执而变得异常冲动，是不可能有心情与你谈生意的。争执会带来心理上的障碍，而且必然会使你无法达到自己的目的。

所以，当客户对你的产品或服务提起投诉，并表示出异议时，你千万不能直截了当地反驳客户。假如你很清楚客户在电话上讲的某些话是不真实的，就应采用转折法。首先，你要同意对方的观点，因为反驳会令对方存有戒心。然后，你要以一种合作的态度来阐明你的观点。

客户："我们已决定不购买这种机器了。由于政府已禁止进口，所以这种机器的零件不太好配。"

销售员："噢，是这样。我明白了。但您是否敢肯定您的信息准确呢？我想请问一下，关于禁止进口的消息您是从哪里听到的？"

销售员心里明白政府仅仅采取强制手段限制某些产品进口，

他对这点很有把握，因为了解所有对贸易有影响的法令是销售员所必须做的，而客户讲的话很容易站不住脚。但假如销售员告诉客户说，他的话是毫无根据、胡编乱造的，就会冒犯客户。

　　如果客户因为不放心产品或服务而说了几句，行销人员就还以一大堆反驳的话。这样一来，不仅因为打断了客户的讲话而使客户感到生气，而且在争执的时候还会向对方透露出许多情报。当客户掌握了这些信息后，行销人员就会处于不利的地位，客户便会想出许多退货或要求赔偿的理由，结果给公司和行销人员本人带来很大的损失。因此，销售员要用合作的态度避免争执，寻找解决之道，切不可以针尖对麦芒，弄得不可收拾。

第八章
要懂得应对之策

 销售顾问的技巧——预先设局

凡事预则立,不预则废。

——《礼记·中庸》

刘明是某电脑公司的销售代表,他这次来跟某税务局的李主任谈判的目的主要是推销公司的服务器。

"李主任,税务局的信息系统是怎么构架的?"

"我们有办公系统和税务管理系统。税务管理系统是我们的业务系统,这次采购的服务器就是用于这套系统。"

"我听说你们的办公系统使用得非常成功。我相信这次管理系统的建设也将会取得成功。您对这次计划采购的服务器有什么要求呢?"

"这批服务器用于存储和计算税务的征收情况,所以最重要的就是服务器的可靠性。"

"对。所有重要的数据都存储在服务器的硬盘内,数据的丢失将会带来很大的损失。您想怎样提高服务器的可靠性呢?"

"首先,我们要采用双机系统,所以服务器要支持双机系统。其次,服务器的电源、风扇要有冗余。另外存储系统要采用磁盘

阵列,支持RAID5。"

"您是倾向于使用内置的磁盘阵列,还是外置的磁盘阵列?"

"外置的。外置的更可靠一些。"

"这样,就有双保险了。您对于服务器还有其他的要求吗?"

"处理能力。我们要求服务器至少配备两个CPU,PCI总线的带宽为133兆以上;I/O系统采用80兆以上的SCSI系统。"

"我们的产品满足这些要求都没有问题,您为什么需要这样的配置呢?"

"我们的数据量增加很快,现在我们的服务器每秒钟需要处理500笔操作,我估计3年以后可能达到1000笔。我是根据现在服务器的处理能力估算出来的。"

"噢。您希望服务器能够满足3年的要求?"

"这是局长的要求。"

"这个配置正好是现在的主流。除了可靠性和处理能力以外，其他的要求呢？"

"服务也非常重要，我们要求厂家能在24小时内及时处理出现的问题。"

"对，服务非常重要，我们一直将客户服务作为最重要的指标。其他方面呢？"

"没有了。"

"让我总结一下。首先您希望服务器具备很好的可靠性，支持双机系统，冗余的电源和风扇，支持RAID5的磁盘阵列。其次，您对处理能力的要求是双CPU，主频高于800兆，总线带宽大于133兆，I／O速度大于80兆。另外，您还要求厂家能在24小时内及时处理故障，对吗？"

"不错。"

两周之后，刘明为客户提供了符合要求的服务器。

谈判人员可以通过提问获得一些信息，包括客户是否了解你的谈话内容，客户对你的公司及你推销的产品有什么意见和要求，以及客户是否有购买的欲望。

在这个案例中，销售员刘明很好地充当了顾问的角色，在拜访李主任之前，刘明就进行了深入思考。要想拿下这个客户，就要了解其需求，于是他设计了一系列的问题，做好了充分的准备。

在与李主任谈判的过程中，刘明按照自己事先设计好的问题一步步提问,把客户的思维始终控制在自己的计划内。当他了解了客户的需求后,自然就能够为客户提供符合其需求的产品,让客户满意。

满足客户的需求就是满足自己的需求,因此,了解客户的需求是关系到交易是否能成功的首要工作。所以,如果你要谈判成功,要获得更多的签单,你就必须提升自己的策划能力,善于巧妙地设计问题。

在行家面前弄巧成拙——巧妙报价

耐心是应付任何情况的巧妙办法。

——(奥地利)卡夫卡

某公司急需引进一套自动生产线设备,正好销售员露丝所在的公司有相关设备出售,于是露丝立刻将产品资料快递给该公司老板杰森先生,并打去了电话。

露丝:"您好!杰森先生。我是露丝,听说您急需一套自动生产线设备。我将我们公司的设备介绍给您快递过去了,您收到了吗?"

杰森(听起来非常高兴):"哦,收到了,露丝小姐。我们现在很需要这种设备,你们公司竟然有,太意外了……"

露丝一听大喜过望,她知道在这个小城里拥有这样设备的公司仅她们一家,而对方又急需,看来这桩生意十有八九跑不了了。

露丝:"是吗?希望我们合作愉快。"

杰森:"你们这套设备售价多少?"

露丝(颇为洋洋自得的语调):"我们这套设备售价30万美元……"

客户(勃然大怒):"什么?你们的价格也太离谱了!一点儿诚意也没有,咱们的谈话就到此为止!"(重重地挂上了电话)

双方交易,就要按底价讨价还价,最终签订合同。这里所说的底价并不是指商品价值的最低价格,而是指商家报出的价格。这种价格是可以浮动的,也就是说有讨价还价的余地。围绕底价讨价还价是有很多好处的。举一个简单的例子。

早上,甲到菜市上去买黄瓜,小贩A开价就是每斤5角,绝不还价,这可激怒了甲;小贩B要价每斤6角,但可以讲价,而且通过讲价,甲把他的价格压到5角,甲高兴地买了几斤。此外,甲还带着砍价成功的喜悦买了小贩B几根大葱呢!

同样都是 5 角,甲为什么愿意磨老半天嘴皮子去买要价 6 角的呢?因为小贩 B 的价格有个目标区间——最高 6 角是他的理想目标,最低 5 角是他的终极目标。而这种目标区间的设定能让甲讨价还价,从而获得心理满足。

如果想抬高底价,尽量要抢先报价。大家都知道的一个例子就是,卖服装有时可以赚取暴利,聪明的服装商贩往往把价钱标得超出进价一倍甚至几倍。比如一件皮衣,进价为 1000 元,摊主希望以 1500 元成交,但他却标价 5000 元。几乎没有人有勇气将一件标价 5000 元的皮衣还价到 1000 元,不管他多么精明。而往往都希望能还到 2500 元,甚至 3000 元。摊主的抢先报价限制了顾客的思想,由于受标价的影响,顾客往往都以超过进价几倍的价格购买商品。在这里,摊主无疑是抢先报价的受益者。报价时虽然可以把底价抬高,但是这种抬高也并不是无限制的,尤其在行家面前,更不可大意。

案例中的销售员觉得自己的产品正好是对方急需的,而将价格任意抬高,最终失去对方的信任,导致十拿九稳的交易失败,对销售员来说也是一个很好的教训。

如果销售员在和客户谈判时,觉得不好报底价,则完全可以先让对方报价。把对方的报价与自己心目中的期望价相比较,然后随时调整自己的价格策略,最后得到的结果可能是双方都满意的。

谈判专家的策略——后亮底牌

一个人必须知道该说什么,一个人必须知道什么时候说,一个人必须知道对谁说,一个人必须知道怎么说。

——(美国)彼得·德鲁克

不知道对方的底牌时,可以保持沉默,让对方先开口,亮出底牌,最后再采取策略。

理赔员:"先生,我知道你是交涉专家,一向都是针对巨额款项谈判,恐怕我无法承受你的要价。我们公司若是只付100美元的赔偿金,你觉得如何?"

(谈判专家表情严肃,沉默不语)

理赔员(果然沉不住气):"抱歉,请勿介意我刚才的提议,再加一些,200美元如何?"

谈判专家(又是一阵长久的沉默):"抱歉,这个价钱令人无法接受。"

理赔员:"好吧,那么300美元如何?"

（谈判专家沉思良久）

理赔员（有点慌乱）："好吧，400美元。"

谈判专家（又是踌躇了好一阵子，才慢慢地说）："400美元？……喔，我不知道。"

理赔员（痛心疾首）："就赔500美元吧。"

（谈判专家仍在沉思中）

理赔员（无奈）："600美元是最高期限了。"

谈判专家（慢慢地）："可它好像并不是我想要的那个数。"

理赔员："如果说750美元还不是你想要的，那我也没有办法了。"

谈判专家（沉思一会儿后）："看来咱们的谈判无法进行下去了。"

理赔员："800，只能到800，否则咱们真的谈不下去了。"

谈判专家："好吧，我也不想为此事花更多的时间。"

谈判专家只是重复着他良久的沉默，重复着他严肃的表情，重复着说那些话。最后，谈判的结果是这件理赔案终于在800美元的条件下达成协议，而谈判专家原来只准备获得300美元的赔偿金。

当我们不知道对方的底牌时，保持沉默是一个不错的主意！

爱迪生在做某公司电气技师时，他的一项发明获得了专利。一天，公司经理派人把他叫到办公室，表示愿意购买爱迪生的专利，并让爱迪生出个价。

爱迪生想了想，回答道："我的发明对公司有怎样的价值，我不知道，请您先开个价吧。""那好吧，我出40万美元，怎么样？"经理爽快地先报了价，谈判顺利结束了。

事后，爱迪生满面喜悦地说："我原来只想把专利卖500美元，因为以后的实验还要用很多钱，所以再便宜些我也是肯卖的。"

让对方先开口，使爱迪生多获得了30多万美元的收益。经理的开价与他预期的价格简直是天壤之别。在这次谈判中，事先未有任何准备、对其发明对公司的价值一无所知的爱迪生如果先报价，肯定会遭受巨大的损失。在这种情况下，最佳的选择就是把报价的主动权让给对方，通过对方的报价，来探查对方的目的、动机，摸清对方的虚实，然后及时调整自己的谈判计划，重新确定报价。

 机智的克林顿——制造悬念

> 好奇的目光常常可以看到比他所希望看到的东西更多。
> ——（德国）莱辛

克林顿·比洛普是美国著名的推销行家，在创业初期，为了多赚一点钱，他曾经是康涅狄格州西哈福市的商会推销员，并借此他敲开了该市各企业领导人士的大门。

有一次，他去拜访一家小布店的老板。这位老板是第一代土耳其移民，他的店铺离一条分隔东哈福市和西哈福市的街道只有几步路的距离。结果，这个地理位置成了这位老板拒绝加入商会

的最佳理由。

"听着,年轻人,西哈福市商会甚至不知道有我这个人。我的店在商业区的边缘地带,没有人会在乎我。"

"不,先生,"克林顿·比洛普坚持说,"您是相当重要的企业人士,我们当然在乎您。"

"我不相信,"老板坚持己见,"如果你能够提出一点证据反驳我对西哈福市商会所下的结论,那么我就会加入你们的商会。"

"先生,我非常乐意为您做这件事,"比洛普注视着老板说,"我可不可以和您约定下一次会面的时间?"

老板一听,觉得这是摆脱比洛普最容易的方法,于是毫不犹豫地说:"当然,你可以约个时间。"

"嗯,45分钟之后您有空吗?"克林顿·比洛普说。

老板十分惊讶,他没想到克林顿·比洛普要在45分钟之后

再与他会面。

惊讶之下，顺口说了，"嗯，我会在店里。"

"很好，"克林顿·比洛普说，"我会在45分钟后回来。"

克林顿·比洛普快速离开布店，然后直接往商会办公室冲去。他在那里拿了一些东西之后，又到邻近的文具店买了该店库存中最大型的信封袋。带着这个信封袋，克林顿·比洛普再次来到布店。他把信封放在老板的柜台上，开始重复先前与老板的对话。在谈判的过程中，老板的目光始终注视着那个信封袋，猜想里面到底装了什么。

最后，他终于忍不住了，就问："年轻人，我可不想一直和你耗下去，这个信封里到底装了什么？"

克林顿·比洛普将手伸进信封，取出了一块大型的金属牌。"商会早已做好了这块牌子，好挂在每一个重要的十字路口上，以标示西哈福商业区的范围。"克林顿·比洛普带着老板来到窗口说："这块牌子将挂在这个十字路口，这样一来，客人就会知道他们是在西哈福区内购物，这便是商会让人知道您在西哈福区内的方法。"

老板的脸上浮现一丝笑容。克林顿·比洛普说："好了，现在我已经结束了我的讨价还价了，您也可以把您的支票簿拿出来好结束我们这场交易了。"

老板便在支票上写下了商会会员的入会费。

开门见山、直奔主题是一种谈判方法，出其不意、欲擒故纵也是一种谈判方法,而后者往往比前者更能促成交易。

在这个故事中,年轻时的克林顿·比洛普为了生计,成为康涅狄格州西哈福市的商会推销员。这次他的目标客户是一家小布店的老板,而这家店正好位于一条分隔东哈福市和西哈福市的街道旁边,这个位置成了布店老板拒绝加入商会的理由:"西哈福市商会甚至不知道有我这个人,我的店在商业区的边缘地带,没有人会在乎我。"这是一种客户理性思考后得出的结论。

克林顿·比洛普采用了欲擒故纵的谈判策略:"我可不可以和您约定下一次会面的时间?"这让客户放松了警惕,以为可以就此摆脱他,于是就同意了,说明此时客户理性防范意识减弱。

令他没想到的是,克林顿·比洛普竟然说:"45分钟之后您有空吗?"这让布店老板非常惊奇,也给他留下了悬念。之后,克林顿·比洛普先回商会办公室"拿了一些东西"(事先已经准备好),然后又去商店买了一个最大型的信封。当他回到客户的面前时,并不急于说明信封内的东西,这让客户的好奇心越来越浓(客户的感性思维逐渐占据主导地位),以至于最后主动询问,这正是克林顿·比洛普要达到的效果。最后,谜底揭开,客户不得不认同他的做法,终于答应入会。

可见,在谈判的过程中,如果能留一点悬念给客户,让客户对你的下一步行动感到好奇,那么,在揭示悬念的同时,交易也自然会完成。

 销售过程中的技巧——以诚动人

生命不可能从谎言中开出灿烂的鲜花。

——(德国)海涅

正值家电卖场淡季,一位表情严肃的顾客走进某家电销售专区。

销售人员小赵:"先生您好!欢迎光临××家电大卖场,我们正在搞淡季大促销活动,请问您需要购买什么家电?"

顾客看都没看小赵一眼,径自走进家电卖场。

小赵有些尴尬,然后就在距顾客4米远处不时观察顾客的需求。

没过多久,顾客看了一会儿,摸了摸一款数码摄像机。

销售人员小赵忙上前去:"呵呵!您要购买相机啊,这款相机正值厂家促销,是今年柯达公司力推的主力机型,像素1200万,防抖功能很好……"

"哦!我随便看看。"顾客打断了小赵的介绍。

过了几分钟，顾客什么也没说就走出了家电卖场。

销售员笑颜以对，可顾客却毫无反应、一言不发或冷冷回答一句"我随便看看"，这种场面其实非常尴尬。因为这类顾客对销售人员的冷淡往往是出于情感上的警戒，要化解这种警戒，销售人员应该从顾客行为中尝试分析顾客类型，然后利用情感感化法朝着有利于活跃气氛和购买的方向引导。

作为销售人员，每天都能遇到这样的顾客，冷冰冰地进来，对销售员爱答不理，顶多抛出一句"我随便看看"，让销售员热脸贴了冷屁股，场面比较尴尬，不知道如何是好。其实，这些类型的顾客不外乎以下3种情形：

一是对要买的产品比较熟悉，没必要让销售人员介绍，自己看就行了，顶多讨价还价和支付的时候需要销售人员。

二是顾客只是来收集一下所要购买产品的信息，比如要购买的产品到底是什么样子的、各家卖场报价是多少等各种对比信息。

三是随便逛逛，看着玩。

因此，针对不同的顾客，销售人员应该采取不同的方法来接近顾客，而不是一种方法撞到南墙不回头。

很明显，"没关系，您随便看看吧，需要什么帮助叫我就行"之类的话是错误的，因为销售人员没有主动去顺势引导顾客需求，从而减少了顾客购买产品的可能性。

此外，顾客对销售人员都有戒备心理，生怕刚来就中了销售人员的圈套，因此他们都对销售人员非常冷淡。作为销售人员，你可以尝试从以下几个方面接近顾客：

（1）找好接近顾客的时机。这个时机往往不是在顾客刚进店的时候，而是在顾客浏览商品时对某一件家电比较感兴趣的时候，此时你可以根据顾客感兴趣的商品，大致联想出顾客想要什么类型的商品，因势利导，成功率往往会比较高。

（2）在顾客挑选商品的过程中，不要像盯贼似的跟着顾客，更不要顾客走到哪里销售人员就跟到哪里；不要问一些无关痛痒的问题。

（3）在一段时间后要尝试积极引导顾客。如果再次询问顾客时顾客还是回答"我随便看看"，销售人员就要尽量朝着有利于活跃气氛的方向进行。

面对冷淡型顾客，销售人员的信心常会被对方冰冷的口气摧毁，或者被对方的沉默不语打垮，其销售热情也会降到零点。其实顾客冰冷的口气并不代表顾客是个毫无情感的人。销售人员需要做的就是用情感去感化他们。

推销的失败与成功——洞察关注点

只要你能帮助别人得到他们想要的，你就能得到你想要的一切。

——（美国）金克拉

书店里，一对年轻夫妇想给孩子买一些百科读物，销售员过来与他们交谈。以下是当时的谈话摘录。

客户:"这套百科全书有些什么特点?"

销售人员:"你看,这套书的装帧是一流的,整套都是这种真皮套封烫金字的装帧,摆在您的书架上非常好看。"

客户:"里面有些什么内容?"

销售人员:"本书内容按字母顺序编排,这样便于资料查找。每幅图片都很漂亮逼真,比如这幅,多美。"

客户:"我看得出,不过我想知道的是……"

销售人员:"我知道您想说什么!本书内容包罗万象,有了这套书您就如同有了一套地图集,而且还是附有详尽地形图的地图集。这对你们一定大有用处。"

客户:"我是为孩子买的。"

销售人员:"哦,原来是这样。这套书很适合小孩子的。它有带锁的玻璃门书箱，这样您的孩子就不会将它弄脏，小书箱是随书送的。我可以给您开单了吗？"

（销售人员作势要将书打包，给客户开单出货。）

客户："哦，我考虑考虑。你能不能找出其中的某部分比如文学部分，让我们了解一下其中的内容？"

销售人员："本周内有一次特别的优惠抽奖活动，现在买说不定能中奖。"

客户："我恐怕不需要了。"

对客户来讲，"值得买的"不如"想要买的"，客户只有明白产品会给自己带来好处才会购买。在销售时，如果销售人员只把注意力放在销售产品上，一心只想把产品推给对方，甚至为了达到目的不择手段，这样，失去的可能比得到的更多。因为你可能推出了一件产品，但从此失去了一个客户。

这位销售人员给客户的感觉是太以自我为中心了，好像他需要的就是客户需要的。他完全站在自己的角度上对产品进行理解，然后强加于客户，让客户感觉：这样的书是你需要的，而不是我需要的。

以上的失败只是源于销售人员的疏忽，他自顾自地说话，没有仔细想一想对方的需求，其实客户已给过他机会，只可惜他没有及时抓住这样的信息。因此，一场不欢而散的谈话所导致的失败结局也就在所难免。

所以，在推销某一产品的时候，销售员不要只是说明产品的特点，而要强调产品能为客户带来哪些好处。

客户张科长："我10分钟后还有一个会议要开。"

吴昊："好的，张科长，我会在10分钟内把更适合贵企业的建议案说完，绝不耽误您的时间。"

"一辆好的配送车，能比同型货车增加21%的载货空间，并节省30%的上下货时间。根据调查显示，贵企业目前配送的文具用品体积不大，但大小规格都不一致，并且客户多为一般企业，数量多且密集，是属于少量多次进货的形态。一趟车平均要装载50家客户的货物，因此上下货的频率非常高，挑选费时，并常有误拿的情形发生。如何正确、迅速地在配送车上拿取客户采购的商品，是提高效率的重点。这点张科长是否同意？"

张科长："对，如何迅速、正确地从配送车上拿出下一家客户要的东西是影响配送效率的一个重要因素。"

吴昊："配送司机一天中大部分时间都在驾驶位上，因此驾驶位的设置要尽可能舒适，这是配送司机们一致的心声。"

张科长："另外，车子每天长时间在外行驶，车子的安全性绝对不容忽视。"

吴昊："张科长说得很对，的确，一辆专业配送车的设计，正是要满足上面这些功能。本企业新推出的××型专业配送车，正是为满足客户对提高配送效率而专门开发设计出来的。它除了比一般同型货车超出了15%的空间外，并设计有可调整的陈放位置，可依空间大小的需要调整出0～200个置物空间，最适合放

置大小规格不一致的配送物,同时能活动编号,依号码迅速取出配送物。贵企业目前因为受制于货车置货及取货的不便,平均每趟只能配送50个客户,若使用此种型号的配送车,可调整出70个置物空间,经由左、右门及后面活动门依编号迅速取出客户所要的东西。

"配送车的驾驶座,如同活动的办公室。驾驶室的位置调整装置能依驾驶人的特殊喜好而作适当的调整。座椅的舒适度,绝对胜过一般内勤职员的椅子,并且右侧特别设置了一个自动抽取式架子,能让配送人员书写报表及单据,使配送人员能感到企业对他们的尊重。

"由于配送车在一些企业并非专任司机使用,而采取轮班制,因此,车子的安全性方面的考虑更显重要。××型配送车有保护装置、失误动作防止、缓冲装置等。电脑安全系统控制装置,能预先防止不当的操作给人、车带来的危险。贵企业的配送人员也常有轮班、换班的情形,使用本车能得到更大的保障。"

张科长:"××型配送车听起来不错。但目前我们的车子还没到企业规定的汰旧换新的年限,况且停车场也不够。"

吴昊:"科长您说得不错。停车场地的问题,的确给许多成长的企业带来一些困扰。贵企业业务在处长的领导下,每年增长15%,为了配合业务成长,各方面都在着手提升业务效率。若贵企业使用××型配送车,每天平均能提升20%的配送量,也就是可以减少目前1/5的配送车辆,相对地,也可以节省1/5的停车场地。

"贵企业的车子目前仍未达企业规定的使用年限,淘汰旧车换新车好像有一些不合算。的确,若是贵企业更换和目前同型的车子,当然不合理,可是若采取××型专业配送车,不但可以因提高配送效率而降低整体的配送成本,而且还能节省下停车场地的空间,让贵企业两年内不需为停车场地操心。

"据了解,目前贵企业50辆配车中有10辆已接近汰旧换新年限,是否请科长先同意选购10辆××专业配送车,旧车我们会以最高的价格估算。"

在吴昊充分进行了利益解说之后,客户同意签订购车合同。

在本案例中,吴昊通过对客户的调查发现了他们对配送车的需求特征,就是要提高效率。而提高效率的关键点在于客户配送的东西大小规格都不一致,导致每一辆车的装载量少、装卸速度慢。

在明确了客户的具体需求后,吴昊便有针对性地解说他们公司所提供的配送车的利益点:"它除了比一般同型货车超出了15%的空间外,并设计有可调整的陈放位置……同时能活动编号,依号码迅速取出配送物。"

在客户说明原来的车还没有到企业规定的以旧换新的年限且停车场也不够时,吴昊更是抓住时机说明使用××配送车的利益点。最后,吴昊根据客户的实际情况,建议将其中10辆接近汰旧换新年限的车换成××型专业配送车。

在整个销售解说过程中,吴昊一直牢牢地把握住客户的需求并结合自己产品的特性和利益来解说××型专业配送车,让客户在利益需求思考下做出购买决定。

根据对实际销售行为的观察和统计研究,60%的销售人员经常将特点与好处混为一谈,无法清楚地区分;50%的销售人员在做销售陈述或者说服销售的时候不知道强调产品的好处。销售人员必须清楚地了解特点与好处的区别,这一点在进行销售陈述和说服销售的时候十分重要。

那么推销中强调的好处都有哪些呢?

(1)帮助顾客省钱。

(2)帮助顾客节省时间。效率就是生命,时间就是金钱,如果我们开发一种产品可以帮顾客节省时间,顾客也会非常喜欢。

(3)帮助顾客赚钱。假如我们能提供一套产品帮助顾客赚钱,当顾客真正了解后,他就会购买。

(4)安全感。顾客买航空保险,不是买的那张保单,买的是一种安全感。

(5)地位的象征。如一块百达翡丽的手表拍卖价700万人民币,从一块手表的功用价值看,实在不值得花费,但还是有顾客选择它,那是因为它独特、稀少,能给人一种地位的象征。

(6)健康。市面上有各种滋补保健的药品,就是抓住了人类害怕病痛死亡的天性,所以当顾客相信你的产品能帮他解决此类问题时,他也就有了此类需求。

 会听客户话外音的大卫——窥探心理动向

鳄鱼在水里，却总在窥探着陆地。

——柬埔寨名言

销售过程中及时领会客户的意思非常重要。只有及时领会客户的意思，读懂其弦外之音，才能有针对性地给予答复，消除其顾虑，并为下一步的销售创造条件。

大卫是一家公司的销售人员，这家公司专门为高级公寓小区清洁游泳池，还包办一些景观工程。A公司的产业包括12幢豪华公寓大厦。大卫为了拿下这个项目和A公司董事长史密斯交谈。

史密斯："我在其他地方看过你们的服务，花园弄得还算漂亮，维护修整做得也很不错，游泳池尤其干净。但是一年收费10万元，太贵了吧？"

大卫："是吗？你所谓'太贵了'是什么意思？"

史密斯："现在为我们服务的C公司一年只收8万元，我找不出要多付2万元的理由。"

大卫："原来如此，但你满意现在的服务吗？"

史密斯："不太满意，以氯处理消毒，还勉强可以接受，花园就整理得不太理想；我们的住户老是抱怨游泳池里有落叶。住户花了那么多钱，他们可不喜欢住的地方被弄得乱七八糟！虽

然给C公司提了很多次,可是仍然没有改进,住户还是三天两头打电话投诉。"

大卫:"那你不担心住户会搬走吗?"

史密斯:"当然担心。"

大卫:"你们一个月的租金大约是多少?"

史密斯:"一个月3000元。"

大卫:"好,这么说吧!住户每年付你3.6万元,你也知道好住户不容易找。所以,只要能多留住一个好住户,你多付2万元不是很值得吗?"

史密斯:"没错,我懂你的意思。"

大卫:"很好,这下,我们可以开始草拟合约了吧?什么时候开始好呢?月中,还是下个月初?"

史密斯:"我对你们的服务质量非常满意,也很想由你们来承包。但是,10万元太贵了,我实在没办法。"

大卫:"谢谢你对我们的赏识。我想,我们的服务对贵公司很适用,你真的很想让我们接手,对吧?"

史密斯:"不错。但是,我被授权的上限不能超过9万元。"

大卫:"要不我们把服务分为两个项目,游泳池的清洁费用4.5万元,花园管理费用5.5万元,怎样?这可以接受吗?"

史密斯:"嗯,可以。"

大卫:"那现在我们可以开始讨论管理的内容了吧?"

史密斯:"嗯,是的。"

大卫能及时领会史密斯的话,巧妙地做出适当的回应,并适时地提出益于销售的有效方案,使事情朝好的方向发展。如果大卫没有及时领会史密斯的意思,就无法很好地解除对方的疑虑。

对于销售人员来说,客户的某些语言信号不仅有趣,而且肯定地预示着成交有望。很多销售人员在倾听客户谈话时,经常摆出倾听客户谈话的样子,内心却迫不及待地等待机会,想要讲他自己的话,完全将"倾听"这个重要的武器舍弃不用。如果你听不出客户的意图,听不出客户的期望,那么,你的销售就会跟射错了方向的箭一样徒劳无功。

要是一个销售员忙于闲谈而没有听出这些购买信号的话,那真的非常可惜。

除了领会客户的话外之音,还需要掌握一些沟通技巧,从客户的话语中挖掘深层次的东西;而在领会客户的意思以后,要及时回答;当客户犹豫不决时,要善于引导客户,及时发现成交信号,提出成交的请求,促成交易。

 一件"减价"的貂皮大衣——把握价格策略

与其你死我活,不如你活我也活——这就是双赢,是良性竞争。

——销售名言

爱占便宜的心理人人都有,这无可厚非,且每个人都或多或少地具有这种倾向,唯一的区别就是占便宜心理的程度深浅。我们所说的爱占便宜的人,通常是指占便宜心理比较严重的人。

销售过程中,这类客户不在少数,他们最大的购买动机就是是否占到了便宜。所以,面对这类客户,销售员就要利用这种占便宜的心理,通过一些方式让客户感觉自己占到了很大的便宜,从而心甘情愿地掏钱购买。

在英国有一家服装店,店主是两兄弟。在店里,一件珍贵的貂皮大衣已经挂了很久,因为高昂的价格,顾客在看到价格后往往望而却步,所以,这件衣服一直卖不出去。两兄弟非常苦恼。

后来,他们想到了一个办法,两人配合,一问一答确认大衣的价格,但弟弟假装耳朵不好使将价格听错,用低于卖价很多的价格出售给顾客,遇到爱占便宜的人,大衣一定能卖出去。两人商量好以后,第二天清早就开始张罗生意了。

弟弟在前面店铺打点,哥哥在后面的操作间整理账务。一个上午进来了两个人,这个方法并没有奏效。

到下午的时候,店里来了一个妇人,在店里转了一圈后,她看到了那件卖不出去的貂皮大衣,于是问道:"这件衣服多少钱?"

作为伙计的弟弟假装没有听见,依然忙自己的。于是妇人加大嗓门又问了一遍,他才反应过来。

他抱歉地说:"对不起,我是新来的,耳朵不太好使,这件衣服的价格我也不太清楚。您稍等,我问一下老板。"

说完,他冲着后面大声问道:"老板,那件大衣多少钱?"

老板回答:"5000英镑!"

"多少钱?"伙计又问了一遍。

"5000英镑!"

声音如此大,妇人听得很真切,她心里觉得价格太贵,不准备买了。而这时,店员憨厚地对妇人说:"老板说3000英镑。"

妇人一听,顿时非常欣喜,肯定是店员听错了,想到自己可以省下足足2000英镑,还能买到这么好的一件貂皮大衣,于是心

花怒放，害怕老板出来就不卖给她了，于是匆匆付钱买下就离开了。

就这样，一件很久都卖不出去的大衣，按照原价卖了出去。

以上的案例中，两兄弟就是利用了那个妇人爱占便宜的心理特点，成功地将大衣以原价销售了出去。

对于爱占便宜型的顾客，可以善加利用其占便宜的心理，使用价格的悬殊对比或者数量对比进行销售。占便宜型的客户心理其实非常简单，只要他认为自己占到了便宜，他就会选择成交。

利用价格的悬殊差距虽然能对销售结果起到很好的作用，但多少有一些欺骗客户的嫌疑，所以，在使用的过程中一定要牢记一点：销售的原则一定是能够帮助客户，满足客户对产品的需求，做到既要满足客户的心理，又要确保客户得到实实在在的实惠。只有这样，才能避免客户在知道真相后的受伤感，才能保持和客户长久的合作关系，实现双赢结果。

客户的担心——安全感

人生唯一的安全感，来自于充分体验人生的不安全感。

——（美国）派克

当你购买某一产品的时候，你最怕什么？质量不好？不安全？不适合自己？花冤枉钱？……是啊，几乎所有的消费者在面对不熟悉的产品时，都会有这些担心和害怕，怎么做才能让他们安心购买呢?

用心传递价值,让客户没有任何后顾之忧。

心理学研究发现,人们总是对未知的人、事、物产生自然的疑虑和不安,因为缺乏安全感。在销售的过程中这个问题尤为明显。一般情况下,客户对销售员大多存有一种不信任的心理,他们认定销售员所提供的各类商品信息,都或多或少包含一些虚假的成分,甚至会存在欺诈的行为。所以,在与销售员交谈的过程中,很多客户认为他们的话可听可不听,往往不太在意,甚至是抱着逆反的心理与销售员进行争辩。

因此,在销售过程中,如何迅速有效地消除顾客的顾虑心理,就成为销售员最重要的能力之一。因为聪明的销售员都知道,如果不能从根本上消除客户的顾虑心理,交易就很难成功。

客户产生顾虑的原因有很多,除了对产品性能的不确定外,主要有以下几点:

第一,客户在以往的生活经历中曾经遭遇过欺骗,或者买来的商品没有达到他的期望。

第二,客户从新闻媒体上看到过一些有关客户利益受到伤害的案例。新闻媒体经常报道一些客户购买到假冒伪劣商品的案例,尤其是一些伪劣家电用品、劣质药品或保健品,会给客户的健康甚至生命造成巨大的威胁。

第三,客户害怕损失金钱或者是花冤枉钱,他们担心销售员所推销的这种产品或者服务根本不值这个价。

第四，客户担心自己的看法与别人的会有不同，怕销售员因此而嘲笑他、讥讽他，或是遭到自己在意的、尊重的人的蔑视。

种种顾虑使得客户不自觉地绷紧了心中的那根弦，所以说，在面对消费者时，销售员要尽自己最大努力来消除客户的顾虑心理，用心向他们传递产品的价值，使他们打消顾虑。

消除客户的顾虑心理，首先要做的就是向他们保证，他们决定购买是非常明智的，而且购买的产品是他们在价值、利益等方面做出的最好选择。

一位客户想买一辆汽车，看过产品之后，对车的性能很满意，现在所担心的就是售后服务了，于是，他再次来到甲车行，向销售员咨询。

准客户："你们的售后服务怎么样？"

销售员："先生，我很理解您对售后服务的关心，毕竟这可不是一个小的决策，那么，您所指的售后服务是哪些方面呢？"

准客户："是这样，我以前买过类似的产品，但用了一段时间后就开始漏油，后来拿到厂家去修，修好后过了一个月又漏油。再去修了以后，对方说要收5000元修理费，我跟他们理论，他们还是不愿意承担这部分费用，没办法，我只好自认倒霉。不知道你们在这方面怎么做的？"

销售员："先生，您真的很坦诚，除了关心这些还有其他方面吗？"

准客户："没有了，主要就是这个。"

销售员："那好，先生，我很理解您对这方面的关心，确实也有客户关心过同样的问题。我们公司的产品采用的是欧洲最新AAA级标准的加强型油路设计，这种设计具有很好的密封性，即使在正负温差50度，或者润滑系统失灵20小时的情况下也不会出现油路损坏的情况，所以漏油的概率很低。当然，任何事情都有万一，如果真的出现了漏油的情况，您也不用担心。我们的售后服务承诺：从您购买之日起1年之内免费保修，同时提供24小时之内的主动上门服务。您觉得怎么样？"

准客户："那好，我放心了。"

最后，客户买了中意的汽车。

从某种意义上来说，消除疑虑正是帮助客户恢复购买信心的过程。因为在决定是否购买的一刻，买方信心动摇、开始后悔是常见的现象。这时候顾客对自己的看法及判断失去信心，销售员必须及时以行动、态度和语言帮助顾客消除疑虑,加强顾客的信心。

消除顾客疑虑的最佳武器就是自信。优秀的销售员的沉稳和自然显现的自信可以重建顾客的信心。

除了自信的态度之外,另一个重要的武器便是言辞。比如有一位顾客原本想采购一种电子用品,但是他没有用过,不确定这个决定对不对。聪明的销售员会马上说:"我了解你的想法,您不确定这种电子产品的功能,怀疑是不是像产品说明书所说的,对不对?您看这样好不好,您先试用……"在关键时刻,销售员纯熟的成交技巧会让顾客疑虑全消。

在销售过程中,顾客心存顾虑是一个共性问题,如若不能正确解决,将会给销售带来很大的阻碍。所以,销售员一定要努力打破这种被动的局面,善于接受并巧妙地化解客户的顾虑,使客户放心地买到自己想要的商品。只要能把握脉络,层层递进,把理说透,就能够消除客户的顾虑,使客户产生安全感,最终使得销售成功进行。

 电话销售人员的哀兵策略——利用同情心

一个人的同情要善加控制,否则比冷淡无情更有害。

——(奥地利)茨威格

电话销售人员:"白总,我已经拜访您好多次了,您对本公司的汽车性能也相当认同,汽车的价格也相当合理,您也听朋友

夸赞过本公司的售后服务，今天我再次打扰您，不是向您销售汽车的。我知道您是销售界的前辈，我在您面前销售东西压力实在很大，大概表现得很差，请您以一颗爱护晚辈的心，指点一下，我哪些地方做得不好，让我能在日后改进。"

白总："你不错嘛，又很勤快，对汽车的性能了解得非常清楚。看你这么诚恳，我就坦白告诉你，这一次我们要替企业的10位经理换车，当然所换的车一定要比他们现在的车子要更高级，以激励士气，但价钱不能比现在贵，否则我短期内宁可不换。"

电话销售人员："白总，您实在是位好经营者，购车也以激励士气为出发点，今天真是又学到了新的东西。我给您推荐的车是由美国装配直接进口的，成本偏高，因此，价格不得不反映成本。但是我们公司月底将从墨西哥OEM进口同级车，成本较低，并且您一次购买10部，我一定说服公司尽可能地达到您的预算目标。"

白总："喔！的确很多美国车都在墨西哥OEM生产，贵公司如果有这种车，倒替我解决了换车的难题了！"

当销售人员山穷水尽、无法成交时，由于多次的电话拜访和客户多少建立了一些交情，此时，若面对的客户不仅在年龄上而且在头衔上都超过销售人员时，可采用哀兵策略，以让客户说出真正的异议。

而销售人员一旦确确实实地掌握了客户想法，了解了客户的真正异议，只要能化解这个异议，销售人员的处境将有180度的戏剧性大转变，订单也将唾手可得。

通常来说，使用哀兵策略，要遵循以下步骤进行：

1. 态度诚恳，说出请托的言辞。

2. 感谢客户，并真切恳请客户坦诚指出自己销售时有哪些错误。

3. 诱使客户说出不购买的真正原因。

4. 了解原因后，再度销售。

第九章

用心经营自己的事业

 ## 三选二怎么选——团结意识

团结就是力量。

——谚　语

一家公司招聘员工,最后要从三位应聘人员中选出两个。他们给出的题目是这样的:假如你们三个人一起去沙漠探险,在返回的途中,车子抛锚了。这时,你们只能选择四样东西随身带着。你会选什么?这些东西分别是:镜子、刀、帐篷、水、火柴、绳子、指南针。其中帐篷只能住两个人,只有一瓶矿泉水。

甲男选的是:刀、帐篷、水、火柴。

面试经理问他:"为什么你第一个就要选刀?"

甲男说:"害人之心不可有,防人之心不可无。这帐篷只够两个人睡,水只

有一瓶,万一有人为了争夺生存机会想害我呢?所以,我把刀拿到手,也就等于把主动权抓到了手中。"

乙女和丙男选的四样物品为:水、帐篷、火柴、绳子。

乙女解释说:"水是必需品,虽然只够两个人喝,但可以省着点,相信也能够使三个人一起坚持到最后;帐篷虽然只能容纳两个人睡,但是可以三个人轮换着来休息;火柴也是路上必不可少的;而绳子可以用来把三个人绑在一起,这样在风沙很大、目不见物的时候,队伍就不会散了。"

丙男给出的解释与乙女相同。

最后,甲男被淘汰出局。

有位心理学家曾经做过一项十分有意思的实验。他让某一个人分别扮演专制型、放任型与民主型等三种不同角色的领导者,而后调查其他人对这三类领导者的观感。结果发现,采用民主型方式的领导者,他们的团结意识最为强烈。同时研究结果也指出,这些人当中使用"我们"这个名词的次数也最多。

事实上,我们在听演讲时,对方说"我认为……"带给我们的感受,远不如采用"我们……"的说法,因为采用"我们"这种说法,可以让人产生团结意识。小孩在做游戏时,常会说"我的""我要"等语,这是自我意识强烈的表现,在小孩子的世界里或许无关紧要,但若长大成人以后仍然如此,就会给人自我意识太强的不良印象,人际关系也会因此受到影响。

人的心理是很奇妙的,同样的事往往会因说话的态度不同,而给人完全不同的感觉。因此善用"我们"来制造彼此间的共同意识,对促进我们的人际关系将会有很大的帮助。"我没有做什么,同事们和我一样战斗在工作第一线,尤其领导更是起了带头作用,为我们做出了榜样。所以今天大家给我的荣誉,我觉得功劳不能归于一人,功劳是大家的。"在一些表彰会上,经常可以听到这样的语言。把"我"说成"我们",一来显得自己谦虚,二来让领导和同事们听着都很舒服。

中国人有内敛的普遍个性。这种内敛个性成为我们基本价值判断的一部分。如果一个人过分强调自己,什么事都抢着去干,或者什么功劳都揽到自己头上,什么过错都推给别人,这样做很不利于职场发展。

 喜欢红色的女士——投其所好

> 不尊重别人感情的人,最终只会引起别人的讨厌和憎恨。
> ——(美国)戴尔·卡耐基

故事一:

一个夏日的上午,世界著名的巴黎希尔顿饭店来了一位女士,她直奔服务台,预订了一个豪华的套间,办好手续后便转身离开,到市内观光去了。

在这位女士离开之时,饭店经理注意到了这位女士穿戴极有

个性:她身上穿的衣服,手拎的皮包,头上戴的帽子都是鲜红色的,足见这位女士对鲜红色特别偏爱。

饭店经理灵机一动,有了一个好主意。他马上召集服务小姐,让她们以最快的速度重新布置那位女士预订的豪华套间,将整个套间的地毯、壁毯、灯罩、床罩、沙发窗帘等全换成那种鲜红色。

这位女士观光回来,推开自己预定的套间,惊奇地发现整个套间的色调竟是自己喜欢的鲜红色,顿觉欣喜无比。

第二天,她面带微笑地交给服务小姐一张1万美元的现金支票,并说以后有机会再到巴黎,一定再住希尔顿。希尔顿饭

店经理正是由于能投其所好，从而取得了巨大的经济利益。

故事二：

达威尔诺想为纽约一家旅馆供应面包。

4年间每周他都去找该旅馆的负责人。他甚至在旅馆里租了间房间，住在那里，以便达成交易。不过，到底还是没能谈成。

"但后来，"达威尔诺说，"我考虑了人的相互关系的本质以后，我决定改变策略，弄清旅馆负责人对什么感兴趣。我了解到，他是美国旅馆服务员协会的成员。不仅是这一协会的成员，而且还是协会的主席。无论这一协会的代表大会在什么地方开，即便是跋山涉水，漂洋过海，他也会出席。于是，第二天见到他，我开始谈起这个协会。结果如何？他非常起劲地给我谈了半个小时。我一下子明白了，协会是他爱谈的话题，是他的嗜好。当时，我根本没谈面包的事。可没过几天，旅馆的财务管理员打电话给我，请我带样品和价目表去。'我不知道，您和他在一起干了些什么'，财物管理员对我说，'但是您可以相信，您现在可以和他达成协议了'。想想吧！我想达成这个协议已经有4年了。假如我能早点儿不费劲地了解到这个人对什么感兴趣和他想谈什么的话，早就达成协议了。"

爱抚宠物最基本的方法就是顺着它的毛轻抚，每当主人有这个动作时，猫就会眯起眼睛，并发出满足的叫声；狗呢，就快乐地摇起尾巴，甚至回过身来舔你的手你的脸，作为对你的回应。

如果逆着毛摸呢？猫狗因为感觉不舒服，就算不咬你抓你，也会不高兴地跑开。

人其实也是如此，如果你能这么做，那么必然会与身边的同事及上司建立良好的人际关系。你如果能顺着对方的脾气与爱好和他们交往，即投其所好，对方自然会对你产生好感，在工作中，不断给予你帮助和支持。

但是，需要注意的是，千万不能毫无原则地逢迎别人，否则很容易让人产生反感。

总统的交流艺术——一见如故

有的人你和他长住一块儿，保持着亲密的关系，但从来不会推心置腹说心里话；而有些人，刚刚相识，就一见如故，彼此像忏悔一样把所有的秘密都吐露出来。

——（英国）撒缪尔·约翰逊

故事一：

威尔逊当选新泽西州州长后不久，有一次赴宴，主人介绍说他是"美国未来的大总统"，这本来是对他的一种恭维，而威尔逊又是怎样回应的呢？首先威尔逊讲了几句开场白，然后接着说："我转述一则别人讲给我听的故事，我就像这故事中的人物。在加拿大有一群钓鱼的人，其中有位名叫约翰逊，他大胆地试饮某

种烈酒,并且喝了很多。结果他们乘火车时,这位醉汉没乘往北的火车,而错搭往南的火车了。其他人发现后,急忙发电报给南开的列车长:'请把那叫约翰逊的矮人送到往北开的火车上,他喝醉了。'约翰逊既不知道自己的姓名也不知道目的地是哪儿。我现在只确实知道自己的姓名,可是不能如你们所说的一样,知道自己的目的地是哪儿。"听众哈哈大笑。威尔逊接着又讲了一个滑稽的故事,使听众们心情非常愉快。从此,威尔逊的名声大振。

故事二:

富兰克林·罗斯福刚从非洲回到美国,准备参加1912年的参议员竞选。因为他是西奥多·罗斯福的表亲,又是一位有名的律师,自然知名度很高。在一次宴会上,大家都认识他,但罗斯

福却不认识其他的来宾。同时，他看得出虽然这些人都认识他，然而表情却显得很冷漠，似乎看不出对他有好感的样子。

罗斯福想出了一个接近这些自己不认识的人并能同他们搭话的主意。于是他对坐在自己旁边的陆思瓦特博士悄声说道："陆思瓦特博士，请你把坐在我对面的那些客人的大致情况告诉我，好吗？"陆思瓦特博士便把每个人的大致情况告诉了罗斯福。

了解大致情况后，罗斯福借口向那些不认识的客人提出了一些简单的问题，经过交谈，罗斯福从中了解到了他们的性格特点、爱好，知道他们曾从事过什么事业、最得意的是什么。掌握这些后，罗斯福就有了同他们交谈的话题，并引起了他们的兴趣。在不知不觉中，罗斯福便成了他们的新朋友。

1933年，罗斯福当上了美国总统，他依然采取和不认识者"一见如故"的这种方法。著名的美国新闻记者麦克逊曾经对罗斯福总统的这种方法评价道："在每一个人进来谒见罗斯福之前，关于这个人的一切情况，他早已了如指掌了。大多数人都喜欢顺耳之言，对他们做适当的颂扬，就无异于让他们觉得你对他们的一切事情都是知道的，并且都记在心里。"

威尔逊和罗斯福总统都是善用"一见如故"这种心理交流法的人。在我们的一生中，经常会遇到这种情况：必须和不认识的人打交道。打破与他们之间的界限，消除无形的隔膜，顺利地把自己的意见和思想传达、灌输给他们，使他们能欣然接受你，甚至把他们变成自己的朋友，这需要不凡的智慧。

人与人之间的不同在于个人的性格兴趣，包括个人的习惯、个人的嗜好、个人的意见、个人的言谈举止等，只要细心地去了解和研究，抓住时机，引发他人的兴趣，使对方觉得你对他们非常关心，就会变不认识为认识，广交天下友了。

所以，我们每一个职场新人都要学会与自己不认识的同事或领导"一见如故"，因为当你第一次和别人打交道时，双方都不免有些拘谨。如果你能主动、大方地和对方交往，对方也能很快融入进来，而你在别人心里也成了一个很容易亲近的人。此外，在职场之中，作为新人的你很需要得到周围人的帮助和支持。如果你和周围的人都能很快打成一片，那么当你需要帮助时，大家自然会对你伸出援手。

按规矩办事——遵守规则

欲求倜傥超拔之才，则惧其放荡，而或至于无度；欲求规矩尺寸之士，则病其龌龊，而不能有所为。

——苏 轼

清代红顶商人胡雪岩每做一桩生意时，都履行应该遵守的商业规则，比如绿营兵军官罗尚德上战场之前在胡雪岩开办的阜康钱庄存了一些银子，当胡雪岩开出存折时，他坚决不要，因为一来他相信胡雪岩的信誉，二来怕自己上战场后，凶多吉少，要不要存折无所谓。但胡雪岩坚持开出存折，称这道手续不能省略。

客户存入款项钱庄必须开出存折，这是照规矩办事。又比如胡雪岩与古应春等人合伙卖蚕丝，一下子赚了十万两银子，除去必要的开支外，赚来的银子所剩无几。既然是合伙，胡雪岩仍然坚持分出红利，他说即使自己没有赚到一文钱，红利该分的还是要分。与合作伙伴均分红利，这也是照规矩办事。

正是因为胡雪岩照规矩办事，天下与他打交道的人无不信任他，所以，胡雪岩的生意也越做越大。事实上，每一件事的运作都有其自身的规则，按规矩做事是使事情正常进行下去的必要保证，也是赢得他人信任的基础。这也是上述故事告诉我们的道理。

规矩由人制定，更要由人遵守。规矩的意义和价值，体现在被执行、被遵守中。大家都守规矩，社会才能和谐；人人都按规矩办事，单位才能秩序良好、风清气正。如果有规矩而不遵守，规矩就会变成聋子的耳朵、多余的摆设，这比没有规矩还要坏。按规矩办事是一个很浅显、很基本的道理，但是，我们的职场新人，大多很年轻，很多时候免不了心浮气躁，在遇到具体事情时，想走"捷径"，视规矩为麻烦和障碍，视不守规矩为能耐和本事，到头来免不了受挫、吃亏，所以我们一定要引以为戒。

那么，职场新人应该怎样按规矩办事呢？首先，办事公开，信息透明，在你做事情的过程中，一定要将决策以及办事的程序尽量公开，相关的信息也要公之于众，并不断咨询请教领导或其他同事，让他们来监督你。其次，当你偶尔产生绕过、跳过规矩的想法时，也要立即遏制自己的念头，没有规矩，不成方圆。单位或企业订立规则不是没有理由的,虽然有时候规则可能会跟不上时代的变化,这时,你要做的不是自作主张,而是向领导提出自己的想法,询问领导具体的解决办法。这样一来,不仅领导会对你产生好感,你想办的事情也可以很容易地办成,一箭双雕的好事,何乐而不为呢?

最后,职场新人还需要注意的是,良好信誉的建立,与你能否坚持按规矩办事有着极为密切的关系,只有规规矩矩地做事,才能使人信服,建立信誉,使事情有个良好的结果。不顾章法、不按规矩办事的人,是没有人会相信他的,这种人在职场中很难立足,也很难获得成功。

父子与驴——勿求面面俱到

对于丑恶没有强烈憎恨的人,也不会对美善有强烈的执著。

——茅 盾

一天,父子俩赶着一头驴进城,子在前,父在后,半路上有人笑他们:"真笨,有驴子竟然不骑!"父亲觉得有理,便叫儿子骑上驴,自己跟着走。走了不久,又有人说:"真是不孝的儿子,竟然让自己的父亲走路!"父亲赶忙叫儿子下来,自己骑上驴。走了一会儿,又有人说:"真是狠心的父亲,自己骑驴,让孩子走路,不怕把孩子累死?"父亲连忙叫儿子也骑上驴背,这下子总该没人有意见了吧!谁知又有人说:"两个人骑在驴背

上,不怕把那瘦驴压死?"父子俩赶快溜下驴背,把驴子四只脚绑起来,一前一后用棍子扛着。经过一座桥时,驴子因为不舒服,挣扎了一下,结果掉到河里淹死了!

　　无论是在工作还是在生活中,要想做到面面俱到,是绝对不可能的。因为就做人而言,一个人无法顾及每一个人的面子和利益,常常是自己认为顾到了,别人却不这么认为,甚至根本不领情也有可能;在做事方面,一个人也不可能顾及每一个人的立场,每个人的主观感受和需要都不同,所以很难让每个人满意,总会有人不满。恪守自己的原则,做自己认为该做的事,会有人称赞你,也会有人骂你,但如果你想面面俱到,恐怕结果是每个人都笑你。

茅盾曾经说过："对于丑恶没有强烈憎恨的人，也不会对美善有强烈的执着。"社会中总有一些善良的"羔羊"，对任何人、任何事都力求做到面面俱到，取悦于每一个人、执着于每一件事，即使栽了跟头也无怨无悔。但就是这种善良与周全使他们在现实中处处碰壁。

还有一个耐人寻味的故事：

一位女士结婚不久就离婚了，离婚的原因听起来却像天方夜谭。用她丈夫的话说就是："你对我们太好了，我们都觉得受不了。"原来这位女士非常喜欢关心照顾别人，甚至到了狂热的地步。每天除了正常的工作外，所有的家务，包括买菜、做饭、洗衣服、擦地板，等等，都由她一个人包办，别人绝不能插手，弄得丈夫、公公、婆婆觉得像住在别人家里一样。所有的事几乎都被她做尽了。久而久之，全家人对其忍无可忍，终于提出要让她离开这个家庭，因为他们都感到心理不平衡。

人际交往中要有所保留，初入职场中的人常犯的一个错误就是"好事一次做尽"，以为自己全心全意为对方做事一定会关系融洽、密切。事实上并非如此。因为人不能一味接受别人的付出，否则心理就会失衡。"滴水之恩，涌泉相报"，这也是为了使关系平衡的一种做法。如果好事一次做尽，使人感到无法回报或没有机会回报的时候，愧疚感就会让受惠的一方选择疏远。留有余地，好事不应一次做尽，这也是平衡人际关系的重要准则。

如果想取悦别人，而且想和别人维持长久的关系，不妨适当地给别人一个机会，让别人有所回报，不至于因为内心的压力而疏远了双方的关系。"过度投资"，不给对方喘息的机会，就会让对方的心灵窒息。不面面俱到，留有余地，彼此才能自由畅快地呼吸，才能给心灵一个足够的空间来容纳彼此。

 要"不耻下问"——多请教

敏而好学，不耻下问。

——《论语》

李亮和陆云是同一所名牌大学的毕业生，他们的成绩都很优秀。两人分配到同一家单位。一年以后，陆云被提升为部门主管，李亮则被调到公司下属的一家机构，地位明升暗降。为什么呢？

他们分配到该单位后，领导各交给他们一件工作，并交代他们可以全权处理。李亮接到任务后，做了精心的准备，方案也设计得十分到位。他一心投入工作，全然不记得要向领导请示一下。领导是开明的，既然说过让他全权处理，自然也不干涉，但也没有和下面人交代什么。等

到李亮把自己的计划付之于实践时，各部门人员见他是新来的，免不了有些怠慢，李亮心直口快，与一个人顶了起来，这可惹了麻烦了。后果可想而知，他的工作处处受阻，最后计划中途"流产"。

陆云接到任务后，经过周密分析调查，提出了若干方案给领导看，又向领导逐条分析利弊，最后向领导请教用哪个方案。这时，领导对他的分析已经信服了，就采取了他所推荐的那个方案。这时他又问领导如何具体实施，领导说："你自己放手干吧，年轻人比我们有干劲。"陆云连忙说："我刚来，一切都不熟悉，还得多听领导的意见。"因为陆云的态度谦恭，意见又到位，领导很满意，当即给几个部门的主管打电话，让他们大力协助陆云的工作。因为有了领导的交代，陆云在实施自己的方案时又时时注意与各部门人员的协调，所以他的工作完成得又快又好。

孔子教导我们要"不耻下问"，但"上问"也是必不可少的。领导也许学历不如你，某些方面的能力也不强，但是他能成为领导自然有他的长处，多向他请教不但能提高自己的能力，有助于做好工作，还能给领导留下良好的印象。

很多刚入职场的年轻人因为害羞而不敢向领导请教，或者因为自傲而不愿向领导请教，又或者害怕向领导请教会显得自己没水平……其实大可不必顾虑这些。多思勤问的人总会得到领导的重视的：一是，你的提问显出你对工作的热情和思考；二是，你的提问显出你的谦虚和诚恳。这样的人谁会不喜欢？

你是不是常常向上司询问有关工作的事？或者是自己的问

题,有没有跟上司一起商量呢?如果没有,从今天起,你就应该做出改变,尽量地发问。有心的上司都很希望他的部下来询问,这表示他在工作上有了不明之处,而上司予以回答,就能减少错误。如果假装什么都懂,一切事都不问,上司会觉得"这个人恐怕不是真懂",会对你的能力表示怀疑。

表扬过后——拿捏分寸

> 职员能否得到提升,很大程度不在于是否努力,而在于上司对你的赏识程度。
> ——(美国)科尔曼

美国人力资源管理学家科尔曼曾说过:"职员能否得到提升,很大程度不在于是否努力,而在于上司对你的赏识程度。"但是,一旦发现上司对你非常赏识,你也千万不要以此为荣,更不要因此骄傲蛮横、目中无人。而是要学会把握好分寸,分寸把握不好,上司对你的赏识也就会慢慢变味,把握好分寸,领导才会更欣赏你。

利曼是一家出版公司的图书编辑,最近在做一些关于小动物的书,将这些小动物的生态情况等做一些介绍,读者对象是小朋友,要把原来那些科普味很浓的文字都修改成儿童感兴趣的文字。

上司对利曼的工作非常满意,他经常当着同事的面夸奖利曼,说利曼的感觉很好,其文字很符合孩子们的心理特征。利曼第一

次听上司如此说的时候,心里很高兴,也很自豪,自己的付出得到肯定,自然很欣慰。但是,后来上司说得多了,利曼就觉得不太妥当。觉得上司如此表扬自己事实上是否定了其他员工的工作,如此一来很容易被其他同事妒忌。最后,一旦将来工作没有做好,上司会觉得自己没有用心去做。于是利曼决定找准时机来防止上司过多的赞扬。

再次开会时,上司又表扬了利曼。上司话音刚落,利曼即站起来恰到好处地说:"经理,您对我满意我很知足,但其实我的成绩都是在同事们的帮助下取得的,他们才是幕后默默支持我的英雄。而且,进公司这么久以来,我从您的身上也学了很多。在未来的工作过程中,我希望大家不要嫌弃我拙劣,能够多多帮助我,让我能够有所进步和提高!"

面对上司的赏识一定要沉得住气，拿捏好分寸做出理智的回应，千万不能招来众怒，引起不必要的麻烦。

毛毛虫实验——不盲从

人多不足以依赖，要生存只有靠自己。

——（法国）拿破仑

缺乏自信心，盲从他人，往往会给自己带来损失或伤害。要想在生活中、事业上有所成就，就必须善于用自己的头脑思考问题，想人之未想，见人之难见，为人之不能为，并坚信自己终究会达到目的，方能获得成功。

法国有位叫约翰·法伯的科学家曾做过一个著名的实验，人们称之为"毛毛虫实验"。法伯把若干只毛毛虫放在一只花盆的边缘上，使其首尾相接围成一圈，在离花盆不远的地方，撒了一些毛毛虫喜欢吃的松叶，毛毛虫开始一只跟一只，绕着花盆，一圈又一圈地走。一个小时过去了，一天过去了，毛毛虫还在不停地、坚韧地爬行，一连走了7天7夜，终因饥饿和筋疲力尽而死去。而这其中，只需任何一只毛毛虫稍微与众不同地改变其行走路线，就会轻而易举地吃到松叶。

毛毛虫不懂得变通，只会盲目地跟着前面的毛毛虫走，所以它们又叫游行毛毛虫，只会一只跟着一只转圈圈，而没有一只摆脱原来的路，去走一条新路，最后只能死去。许多失败者就像毛毛虫一样，放弃主宰自己的命运，总是按别人的意愿过日子。这种"最大的失败者"的突出特点就是盲从，他们没有目标，就像一艘没有舵的船，永远漂流不定，只会到达失望、失败和丧气的海滩。

"永远不可能靠着盲目而成为世界第一名，想要成为世界第一名就得要立异、要创新。"宝马汽车公司总裁曾如此说。当时，宝马公司发现，奔驰车设计得越来越高档，而且看起来很气派、高贵，适合重要人物使用。一向生产高档车的宝马决定抓住这个商机，走年轻人的路线，走时髦的路线，使车款趋向于流线型跑车，与众不同的设计使宝马获得了成功。

的确，因循守旧，踩着别人的脚印前进，只会使你陷入思想的沼泽地。只有挣脱思维模式的桎梏，才能欣赏到不一样的风景。

工作中也是如此。上司虽然比我们经验丰富，但一味盲从就会失去自我，丧失思考力，这样的员工是不会得到上司的青睐的。那些有独到见解和新颖创意的人，往往会受到重视，而我们为什么不做他们中的一员呢？